U0750245

《银川市滨河新区地下水资源供水安全保障研究》编委会

主 编

韩强强　任光远

编 委

吴 平　段晓龙　徐兆祥　李 英

李洪波　张一冰　童彦钊　马晓亮

YINCHUANSHI BINHE XINQU DIXIASHUI ZIYUAN
GONGSHUI ANQUAN BAOZHANG YANJIU

银川市滨河新区地下水资源
供水安全保障研究

韩强强　　任光远／主编

黄河出版传媒集团
阳 光 出 版 社

图书在版编目（CIP）数据

银川市滨河新区地下水资源供水安全保障研究 / 韩
强强，任光远主编. -- 银川：阳光出版社，2021.1
ISBN 978-7-5525-5837-1

Ⅰ . ①银… Ⅱ . ①韩… ②任… Ⅲ . ①水资源管理 -
研究 - 银川 Ⅳ . ①TV213.4

中国版本图书馆CIP数据核字（2021）第065930号

银川市滨河新区地下水资源供水安全保障研究 　　韩强强　任光远　主编

责任编辑　胡　鹏　赵维娟
封面设计　晨　皓
责任印制　岳建宁

黄河出版传媒集团
阳　光　出　版　社　出版发行

出 版 人　薛文斌
地　　　址　宁夏银川市北京东路139号出版大厦（750001）
网　　　址　http://www.ygchbs.com
网上书店　http://shop129132959.taobao.com
电子信箱　yangguangchubanshe@163.com
邮购电话　0951-5014139
经　　　销　全国新华书店
印刷装订　宁夏凤鸣彩印广告有限公司
印刷委托书号　（宁）0020324

开　　本　787mm×1092mm　1/32
印　　张　4.75
字　　数　120千字
版　　次　2021年1月第1版
印　　次　2021年1月第1次印刷
书　　号　ISBN 978-7-5525-5837-1
定　　价　119.00元

前　言

　　地下水资源是保障城乡居民用水和经济社会发展的重要水源。为保证银川市滨河新区建设，大力推进宁夏沿黄经济区经济社会发展和生态文明建设，本书以银川市滨河新区作为研究区，系统运用供水水文地质学、水文地球化学、地下水动力学等理论知识，采用水文地质调查、地球物理勘查、水文地质钻探和水质化验分析等工作手段，对研究区的地下水空间分布和运移规律进行研究，查明了研究区的水文地质条件，计算了研究区地下水资源总量及可开采量，圈定了供水水源地靶区，为滨河新区城镇建设提供了水资源保证。

　　通过研究发现，研究区内地下水类型可划分为两大类型，即第四系松散岩类孔隙水和碎屑岩类孔隙裂隙水。第四系松散岩类孔隙水主要分布于研究区内黄河以西地区，黄河以东地区仅在月牙湖区有少量分布，含水层结构为潜水—承压水多层结构，其中第 II 含水岩组地下水埋藏深、水量大、水质好、不易受到污染，可作为城市供水水源。新近系碎屑岩类孔隙裂隙水主要分布于研究区黄河以东地区，含水岩组水量小，水质普遍较差，开发利用潜力小。

通过地下水资源评价表明研究区地下水资源天然补给资源总量为3.891亿 $m^3 \cdot a^{-1}$，地下水溶解性总固体含量小于1 g/L 的资源量为1.779亿 $m^3 \cdot a^{-1}$，占补给资源量的44.69%。第 I 含水岩组可开采资源量为2.014亿 $m^3 \cdot a^{-1}$，地下水溶解性总固体含量小于1 g/L 的可开采资源量为0.986亿 $m^3 \cdot a^{-1}$，占可开采资源量的48.96%；第 II 含水岩组开采资源量为1.542亿 $m^3 \cdot a^{-1}$，地下水溶解性总固体含量小于1 g/L 的可开采资源量为0.766亿 $m^3 \cdot a^{-1}$，占可开采资源总量的49.68%。

通过研究并综合考虑研究区水文地质条件、地下水分布特征、地下水开发利用合理性和城镇未来发展需求，在研究区内圈定了三个供水水源地，分别为掌政水源地、立岗水源地和月牙湖水源地。评价水源地可开采资源量共计9万 $m^3 \cdot d^{-1}$，其中掌政水源地5万 $m^3 \cdot d^{-1}$，立岗水源地3万 $m^3 \cdot d^{-1}$，月牙湖水源地1万 $m^3 \cdot d^{-1}$。按照宁夏银川市城镇生活综合用水定额（每人150 $L \cdot d^{-1}$），水源地可满足60万人每天的用水需求，为滨河新区发展提供了重要的供水安全保障。

本书在撰写的过程中受到了"宁夏水文地质环境地质勘察创新团队"、"长安大学旱区地下水文与生态效应创新团队"和"宁夏沿黄生态经济带综合地质调查项目组"的共同指导，由宁夏高层次科技创新领军人才项目（KJT2018002）资助完成。

由于编写时间紧迫，作者水平有限，书中难免存在不妥之处，敬请广大读者批评指正。

编　者

2020年6月

目　录

第1章 研究区概况

1.1 自然地理

1.1.1 地理位置

银川市位于宁夏回族自治区中北部，为宁夏回族自治区首府，西依贺兰山与内蒙古自治区阿拉善盟阿拉善左旗为邻，东北抵宁蒙边界与内蒙古自治区鄂尔多斯市鄂托克前旗相邻，东南与吴忠市盐池县接壤，南与吴忠市利通区、青铜峡市相连，北至石嘴山市平罗县。其地理坐标范围是北纬37°29′~38°53′，东经105°49′~106°53′。全市面积9555.38 km²，占全区总面积的15%左右，现辖兴庆区、金凤区、西夏区、灵武市、贺兰县、永宁县，市政府驻地金凤区，市区建成面积148.6 km²。

研究区位于银川市东部，行政区划归属银川市，北起贺兰县，东抵宁蒙省界，东北至月牙湖乡，南接永宁县望远镇—灵武市马莲台一带，西靠京藏高速公路，其地理坐标范围是北纬38°14′29″~38°40′36″、东经106°13′20″~106°44′06″，面积1288 km²。

1.1.2　气象水文

（1）气象

研究区地处我国西北内陆，属温带大陆性气候，四季分明，春迟夏短，秋早冬长，昼夜温差大，雨雪稀少，蒸发强烈，气候干燥，风大沙多。根据收集到的研究区内及周边五个气象站（贺兰、银川、永宁、陶乐、灵武）的气象资料（时间序列自1991年至2012年共22年），包括气温、降水量和蒸发量数据，得到气象要素月平均及年平均总统计表（表1–1、表1–2）和各个气象站气象要素（表1–3）。

根据气象数据分析，研究区内降水量在空间和时间上分配不均。从时间上看，年际和年内均分配不均，从表1–1可知，年内降水量分配极不均匀，降水主要集中在6~9月，占全年降水量的70%以上；从表1–2可知，降水量年际变化较大，在1991年至2012年22年间，最小降水量出现在2005年，年降水量仅为78.8 mm，最大降水量出现在1992年，年降水量为273.8 mm，最大降水量约为最小降水量的3.5倍，多年平均降水量为179.56 mm。从表1–3可知，

表 1–1　研究区及周边气象站 1991—2012 年月平均气象要素汇总统计表

项目	月份											
	1	2	3	4	5	6	7	8	9	10	11	12
气温（℃）	−7.5	−2.5	4.4	12.0	17.7	22.3	23.9	22.2	16.7	9.6	1.8	−5.2
降水量（mm）	1.5	1.7	5.4	7.4	22.8	24.1	39.0	36.8	26.7	10.1	4.7	1.2
蒸发量（mm）	34.2	60.4	133.0	201.5	234.5	234.0	225.3	187.3	134.3	103.6	60.9	34.2

表 1-2 研究区及周边气象站 1991—2012 年年平均气象要素汇总统计表

项目	年份										
	1991	1992	1993	1994	1995	1996	1997	1998	1999	2000	2001
气温（℃）	9.43	8.75	8.40	9.59	8.86	8.84	9.63	10.55	10.23	9.53	9.93
降水量（mm）	153.3	273.8	127.7	141.2	212.8	184.4	128.2	203.7	165.2	139.9	191.1
蒸发量（mm）	1697	1575	1691	1739	1754	1660	1853	1778	1850	1862	1823

项目	年份										
	2002	2003	2004	2005	2006	2007	2008	2009	2010	2011	2012
气温（℃）	10.00	9.57	9.90	9.59	10.39	10.03	9.58	10.18	9.93	9.45	9.80
降水量（mm）	263.5	196.9	148.8	78.8	187.4	207.6	201.1	182.7	183.9	174.7	203.8
蒸发量（mm）	1510	1458	1577	1643	1595	1442	1486	1525	1526	1462	1527

表 1-3 研究区及周边气象站 1991—2012 年月平均气象要素统计表

站名	项目	月份											
		1	2	3	4	5	6	7	8	9	10	11	12
贺兰	气温（℃）	−7.5	−2.5	4.24	12.2	17.9	22.5	23.4	22.3	16.8	9.64	1.71	−5.3
	降水量（mm）	1.61	1.64	5.55	7.73	22.2	21.7	37.5	33.3	26.5	10.6	4.83	1.21
	蒸发量（mm）	31.5	56	125	210	248	255	246	199	139	104	55.1	28.9
永宁	气温（℃）	−7.2	−2.2	5.25	12	17.6	22.5	24.2	22.2	16.8	9.85	2.03	−4.9
	降水量（mm）	1.45	1.9	5.87	7.01	24.2	24.9	37.3	41.6	26.7	9.58	4.56	0.92
	蒸发量（mm）	32	58.5	138	179	206	207	196	164	119	96.5	61.3	34

续表

站名	项目	月份											
		1	2	3	4	5	6	7	8	9	10	11	12
银川	气温（℃）	−7.2	−2	4.54	12.4	17.9	22.3	23.9	22.2	16.9	10.1	2.49	−4.5
	降水量（mm）	1.83	1.66	5.33	7.8	23.1	23.2	36.1	34.7	27	10.9	5.87	1.27
	蒸发量（mm）	36.3	65	138	223	246	243	236	193	137	109	63.6	37
陶乐	气温（℃）	−8.4	−3.3	3.63	11.6	17.8	22.5	24.4	22.5	16.9	9.39	0.76	−6.4
	降水量（mm）	0.92	1.2	4.96	5.13	23.5	25.6	43.3	34.6	23.2	8.26	3.16	0.99
	蒸发量（mm）	29	52	121	168	217	220	214	181	129	92.4	53.9	27.9
灵武	气温（℃）	−7.2	−2.4	4.22	12	17.4	21.7	23.5	21.7	16.2	9.05	1.95	−4.8
	降水量（mm）	1.49	1.96	5.31	9.39	21.2	24.9	40.6	39.7	30	11.2	4.98	1.44
	蒸发量（mm）	42.4	70.3	143	228	255	246	235	200	147	117	70.5	43.1

从空间上分析，降水量在研究区的南部大于北部，西部大于东部。研究区区内多年平均蒸发量变化在1400~1900mm之间，从图1-1可以看出，蒸发量年内变化趋势与降水量相似。黄河以东地区干旱少雨，蒸发强烈，黄河以西引黄灌区受灌溉影响，湿度增大，年蒸发量相应较大，蒸发量年内最大值出现在5、6、7月，最小值出现在1、12月，蒸发量年际变化较小，多年平均蒸发量为1637.9mm。

研究区内多年平均气温为9.64℃，风力春季较强，夏季较弱，冬天多为西北风。空气干燥，光照充足，太阳辐射强烈，光照时间长；区内最大冻土深度1.08 m。研究区灾害性天气主要是霜冻、暴雨、冰雹、山洪、大风、沙暴及寒潮。

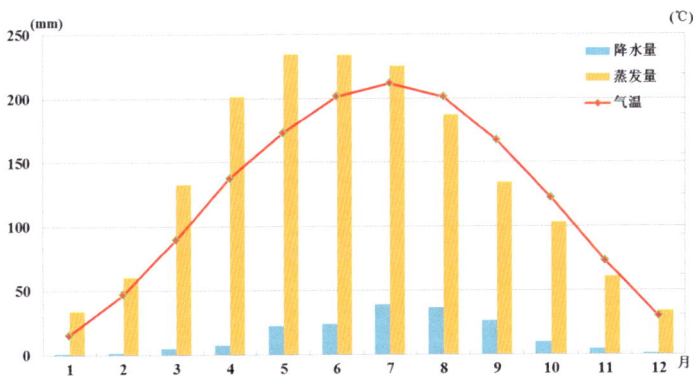

图1-1 研究区及周边各气象站1991—2012年月平均气象要素图
（来源：作者自绘）

（2）水文

①地表河流

黄河为研究区内主要的地表水体，自南向北由灵武市梧桐树乡北滩村流入，从兴庆区月牙湖乡滨河家园流出，在研究区内径流长度57.5 km，进入银川段多年平均实测流量998 m³·s⁻¹，含沙量3.12 kg·m⁻³。本次在银川市兴庆区掌政镇永南村东侧采集黄河水样化验，溶解性总固体含量为0.38 g/L，为研究区内灌溉的主要水源，为地下水补给的重要保障。

水洞沟遗址为黄河右岸流域一级支流，发源于灵武市与盐池县交界处的宝塔，在明长城南侧拐弯，流出研究区经鄂托克前旗西角上海庙镇的芒哈图后，又向西流进研究区，最终汇入黄河干流,全长60 km,集水面积505 km²,在研究区内长度21 km,汇水面积180 km²。近黄河入口处实测流量0.15 m³·s⁻¹。本次采样化验,地下水溶解性总固体含量为1.186 g/L。

冰沟为黄河右岸常年性流水沟谷,集水面积72 km²,长6.8 km,直接流入黄河,在近黄河入河口处实测流量为0.04 m³·s⁻¹;水质较差,溶解性总固体含量为3.76 g/L。

②引黄灌渠

研究区位于引黄灌区中北部,属青铜峡灌区的一部分,有着千百年的灌溉史,大小渠系纵横交错,形成了完善的灌溉系统。研究区内主要的引黄灌渠自西向东依次为唐徕渠、汉延渠、惠农渠以及黄河以东月牙湖地区引黄灌渠。

唐徕渠是宁夏引黄灌区古老的干渠之一,也是宁夏引黄灌区最大渠道,甚至是当前国内屈指可数的大型渠道之一,灌溉面积居全区首位。干渠全长154 km,渠首年引水量10.08亿 m³,根据本次调查实测,研究区内衬砌长度为6.27 km。

汉延渠干渠长度88.6 km,最大引水量为80 m³·s⁻¹,渠首年引水量4.87亿 m³。自永宁县杨河镇流入研究区,至贺兰县立岗镇银东村,研究区内长度53 km,年引水量3.85亿 m³。根据本次调查实测,研究区内衬砌长度为16.55 km。

惠农渠是银川平原农田灌溉主要干渠之一,其灌溉面积仅次于唐徕渠,干渠全长139 km,渠首年引水量9.07亿 m³。自永宁县望远镇流入研究区,从贺兰县立岗镇流出研究区,研究区内长51.4 km,年引水量6.524亿 m³。根据本次调查实测研究区内衬砌长度为14.08 km。

研究区内黄河以东引黄灌渠主要为月牙湖乡新开引黄渠系，据月牙湖乡水利管理所统计资料，2013年为0.004亿 m^3。据本次调查了解，月牙湖渠系全部衬砌。

③排水沟

研究区内主要的排水沟为第二排水沟、第四排水沟及其支沟等，现分述如下：

第二排水沟沟道总长32.5 km，排水量24.2 $m^3 \cdot s^{-1}$，控制排水面积24.6万亩。自大新乡进入研究区，至贺兰县火星村汇入黄河，在研究区内长度23.1 km，控制排水面积18万亩，流量18~24 $m^3 \cdot s^{-1}$，年排水量0.722亿 m^3。

第四排水沟沟道总长43.37 km，排水量15 $m^3 \cdot s^{-1}$，控制排水面积34.4万亩。自贺兰县习岗镇黎明村进入研究区，至贺兰县立岗镇旭光村，在研究区内长度18.4 km，流量6.5~11.715 $m^3 \cdot s^{-1}$，年排水量0.437亿 m^3。控制研究区排水面积14.88万亩。

四三支沟是第四排水沟最大最长的一条支沟，也是研究区内最长的排水沟。沟头起始永宁县城东南的南湖，沟线先东后北，穿行于惠农渠和汉延渠区间北行，至立岗镇兰星村入第四排水沟，整条沟均在研究区内，全长46.85 km，流量6.8 $m^3 \cdot s^{-1}$，控制排水面积27万亩，年排水量0.971亿 m^3。

银新干沟全长33.79 km，流量45 $m^3 \cdot s^{-1}$，控制排水面积62.74万亩，自八里桥进入研究区，穿汉延渠、四三支沟、惠农渠，沿通义乡通福村惠农渠永昌退水闸的退水沟汇入黄河。在研究区内全长14.3 km，流量$5\,m^3 \cdot s^{-1}$，控制排水面积23.8万亩，年排水量1.069亿m^3。

银东干沟起始于银川市兴庆区大新乡，向东至银川市兴庆区通南村汇入黄河，研究区内长度16.5 km，流量$0.65\,m^3 \cdot s^{-1}$，控制排水面积3.6万亩，年排水量0.604亿m^3。

研究区内黄河以东排水系统主要为月牙湖地区排水系统及南部横城、临河排水系统，据统计较大的排水沟共7条，年排水量0.337亿m^3。

1.2 地形地貌

1.2.1 地形

研究区内地形总体上呈现东高西低、南高北低的态势，东部为鄂尔多斯台地西缘，地形高低起伏，最高海拔为1450 m，由东向西倾斜，西部为黄河冲湖积平原，地形平坦，最低海拔为1109 m。

1.2.2 地貌

研究区在地质构造、外地质营力等作用的影响下，形成现在的地貌格局，现结合其形态、成因将其分述如下。

（1）构造侵蚀区

因地壳构造运动和外力剥蚀作用形成，分布在研究区东部边界，按其起伏形态及成因分为岗状丘陵和波状丘陵。

①岗状丘陵

分布在研究区东部大部分地区，海拔高度1300~1426 m，相对高差50~100 m，受岩性、构造所控制地形陡峭，沟谷切割较深，丘顶外形呈岗状，由古近系及新近系砂岩、泥岩、泥质砂岩组成。

②波状丘陵

分布在研究区东南部，海拔高度1230~1364 m，相对高差10~50 m，地势由东南向西北倾斜，受侵蚀构造影响，地形呈波状起伏，主要由白垩系及古近系地层组成。

（2）堆积剥蚀区

根据构造类型及成因，将堆积剥蚀区的山前洪积斜平原分为老洪积扇及新洪积扇。

①老洪积扇

分布在研究区东南部，海拔高度1132~1450 m，扇面坡度以10‰~30‰向西倾斜，构成山前洪积斜平原的主体，主要由上更新统洪积物组成。

②新洪积扇

主要分布在研究区东南老洪积扇边缘及沿近山一带沟谷两侧，呈扇状分布，海拔高度为1132~1390 m，主要由全新统洪积物组成。

（3）冲洪积平原

主要分为老冲洪积平原和新冲洪积平原，现分述如下：

①老冲洪积平原

主要分布在研究区东部宽阔沟谷及东南部，海拔高度1110~1150 m，其南北向坡降为3.3‰~6.6‰，东西向坡降为0.7‰，前坎高度为3~8 m，部分为1 m左右。主要由上更新统冲积物、洪积物组成。

②新冲洪积平原

主要分布在研究区的东北部，海拔高度为1096~1102 m，阶面平坦，大部分为沙丘覆盖，纵横向坡降分别为0.2‰和0.16‰，前缘坎高为3~6 m，局部为1~3 m。主要由全新统冲洪积物组成。

（4）河湖积平原

分布在黄河两岸的大部分地区，地势为全区最低，地形极为平坦，为主要的农业生产基地。包括黄河一级阶地（Ⅳ1）、二级阶地（Ⅳ2）、黄河河漫滩（Ⅳ3）。由全新统河湖积和冲积物组成，地面低平，湖泊遍布，部分地区盐渍化程度较为严重。

（5）风积沙丘（Ⅴ）

分为活动沙丘和固定半固定沙丘，现分述如下：

①活动沙丘（Ⅴ1）

主要分布在研究区东北部，由新月形沙丘和陇岗状沙丘组成，地形呈波浪起伏，沙丘高一般为3~5 m，部分有10~20 m，活动性强，植被稀少。

②固定半固定沙丘（Ⅴ2）

主要分布在研究区东部边缘，多为固定半固定的草丛沙丘，高1~3 m，沙丘之间为平铺沙地，地形较为平坦，表面覆盖植物主要为耐旱的白刺等。

1.3 地质条件

1.3.1 地层

研究区属华北西缘地层分区的银川地层区，银川地层区为新生代断陷盆地，古近系、新近系、第四系发育良好。研究区内第四系广泛发育，前第四系地层在黄河以东陶灵台地有少量分布，出露地层有白垩系、古近系、新近系。现由老到新叙述如下：

（1）白垩系

研究区内白垩系保安群（K_{1B}）仅分布在临河东天池沟—踏鼻沟一带，地层岩性以灰色、灰褐色砾岩为主，上部夹有棕红色的砂岩，厚度大于130 m。

（2）古近系

古近系清水营组（E_{3q}）分布在水洞沟以南区域，地层岩性为橘红色、棕红色粉砂质泥岩和泥岩夹浅橘黄色砂岩及灰绿色泥灰岩条带，底部为砾岩，厚度200 m左右。

（3）新近系

新近系干河沟组（N_{1g}）主要分布在黄河以东横城—临河一线以西的地区及红墩子—三眼井一线以东的大部分地区，地层岩性主要为浅橘黄色砂岩、砂砾岩和粉砂质泥岩夹灰白色钙质砂岩结核层。

（4）第四系

第四系广泛分布在黄河平原地区，成因多样。本次研究区内河西部分第四系沉积物主要以冲积为主，河东主要以风积为主，现按其时代、成因类型分述如下：

①下更新统 Q_P^1 沉积物有冲湖积、洪积

主要分布在黄河平原下部，埋深在190~200 m以下，以灰褐色、灰黑色细砂夹灰白、灰褐、棕褐色黏性土与灰褐色细砂、粉细砂为主，局部含有腐殖质或泥质砾石（泥砾），为一套河湖相沉积。

②中更新统 Q_P^2 沉积有冲湖积、冲积、洪积

主要分布于黄河平原下部，埋深80~120 m，厚度70~100 m，以灰色、灰黑色及褐灰色细砂夹灰白、棕灰、灰黄色黏性土为主，部

分细砂中含泥砾，含较多的植物残体和腐殖质，为一套河湖相沉积。

③上更新统（Q_p^3）沉积有冲湖积、冲洪积、洪积

主要分布在平原下部埋深2~30 m，厚度60~120 m，以浅黄色、褐黄色的细砂、粉细砂为主，有部分褐黄色黏土、黏砂土，为一套河湖相沉积。

④全新统冲积层

全新统冲积层（Q_h^{aL}）广泛分布在研究区内黄河以西的大部分地区，地层岩性主要以细砂、粉细砂、粉砂为主，中间夹有多层黏砂土。

⑤全新统风积层

全新统风积层（Q_h^{eoL}）分布在黄河以东的大部分地区，地层岩性以粉砂为主，极为松散。

在研究区内还有零星分布的全新统洪积沼泽层。

1.3.2　构造

银川平原是在银川断陷盆地的基础上发展起来的。银川断陷盆地位于鄂尔多斯地块西缘，西以贺兰山褶断带与阿拉善地块相邻；东以黄河断裂与鄂尔多斯地块相接；西边为贺兰山东麓断裂带与山体过渡相连。盆地中断裂发育，基地构造复杂，新生界沉积厚度大。

（1）断裂

银川平原大型断裂自西向东依次为贺兰山东麓山前压扭性断裂、芦花台压性断裂、银川市张性断裂和黄河张性断裂，基本顺盆地方向呈北北东向延伸，研究区内主要的大断裂有银川断裂和黄河大断裂（图1-2），现分述如下：

图1-2 研究区构造示意图（来源：作者自绘）

①银川断裂

该断裂带北起黄渠桥，南到永宁，延伸长度85 km，为一条走向北北东向西倾的隐伏正断层，倾角45°~77°，最大断距3220 m，断距由南向北变小。

②黄河大断裂

该断层控制银川盆地东部边界，北起石嘴山，经陶乐至灵武南，全长130 km，走向北北东，断面上陡下缓，倾角49°~66°，倾向北西西，为一正断层，切割第三系，断距在陶乐附近800 m，石嘴山地区仅300 m。

在研究区范围内还分布有部分隐伏断层，共同控制着盆地基底的发育。

（2）平原基底构造

银川盆地是新生代拉张型断陷盆地。中生代侏罗纪末，燕山运动使现今贺兰山和银川盆地一起抬升，形成"银川古断隆"，银川盆地抬升最高，并向贺兰山逆冲，导致局部地层发生倒转。新生代始新世开始，"银川古断隆"开始解体，从隆起的轴部沿袭挤压断裂带张裂下陷，造成幅度甚大的差异升降，并随时间发展沉降逐渐向西扩展。第三纪末银川盆地持续断陷，西侧盆地边界已基本扩展到贺兰山东麓。受青藏高原隆升朝北东方向挤压影响，银川盆地南部第四纪断裂边界开始活跃，从而加剧了银川盆地纵向断层的垂直断陷，基本形成了银川盆地同两侧地块明显不同的地貌格局。银川断陷盆地整体构造概貌为中部断陷较深，向两侧以断阶状或斜坡状抬升，呈西陡东缓的巨大宽缓向斜形态（图1-3）。

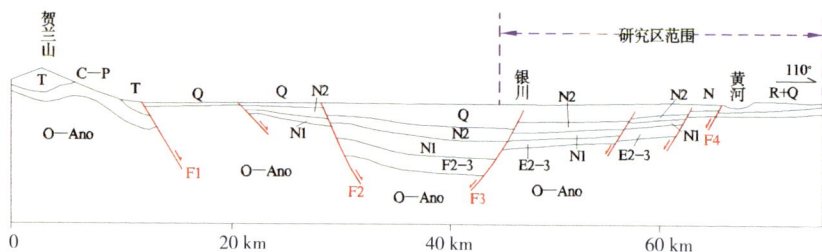

图1-3　银川平原基底形态示意图（来源：作者自绘）

研究区位于银川平原中北部东侧，总体呈北北东走向。研究区西部为银川平原中部凹陷区，该区具有凹陷深、沉积厚、局部构造发育的特征，基底深度由南向北有依次加深的趋势。银川北为6700 m，至银川市贺兰县常信乡为8500 m。研究区向东部为银川平原东部断阶斜坡区，走向与区域走向一致，被北东向的断层切割，自东向西依次错落，形成了西倾断阶斜坡。

1.4 黄河古河道

新生代以来银川平原受新构造运动影响，一直处于沉降状态，直到第四纪早更新世中期，银川盆地仍处于封闭状态，此时沉降中心位于银川中部，中间可能有河流相通。直至早更新世末期或中更新世初期，黄河切穿青铜峡和石嘴山成为外流河。中更新世黄河古河道可能仍沿着银川中部沉降中心发育，河面比较宽广。自全新世起，银川平原经历了第四系期间迄今为止最后一次较大规模的构造运动，致使平原区的古黄河形成，而且有了全新世早、晚期黄河古河道之分（图1-4）。

（1）全新世早期黄河古河道

全新世早期的黄河受银川断裂的影响，西边以永宁县杨河镇王家团庄、银川市西夏区及园林场一带为界，东边以掌政、金贵及立岗一带西侧为界，黄河的主流线在望远镇以西、吴家庄及长信一带，明显的地貌形态可反映这一特征，如望远以西到吴家庄一带的"七十二连湖"，从北到西，这些大湖都是呈南北向连续推移，规模大，常年积水，由此推断为黄河改道的原因。近年来，随着城市发展、人为改造，使得部分湖已不存在。

（2）全新世晚期黄河古河道

全新世晚期银川平原又经历新构造运动，而这些构造运动使

图1-4　黄河河道演变示意图（来源：作者自绘）

贺兰山再度上升，贺兰山东麓的冲积平原再度下降，促使古黄河又从西向东推移，移到现在的冲积二级阶地前缘，东至鄂尔多斯台地西缘，而古河道的主流线沿冲积二级阶地前缘到惠农渠两侧一带。随时间的推移，贺兰山不断上升，第四纪沉积物不断加厚，古黄河往东继续发展。

近年来，黄河河道在逐渐变窄且不断摆动，在摆动变化中保持着向东运动的趋势，在变化过程中沉积了大量的第四纪松散沉积物，为地下水的储存提供了良好的空间。

第2章 水文地质条件

2.1 地下水类型

根据地下水的赋存条件和水力性质，将研究区内的地下水分为两大类，即松散岩类孔隙水和碎屑岩类孔隙裂隙水（图2-1）。

研究区内仅在河东地区研究区东部边界处为碎屑岩类孔隙裂隙水，其余大部分地方为冲洪积、冲湖积平原，为松散岩类孔隙水，

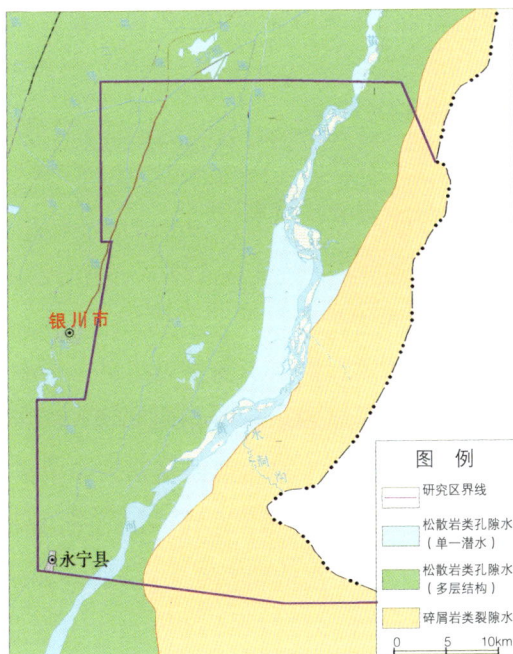

图2-1 地下水类型分区图（来源：作者自绘）

根据第四系松散岩类孔隙水含水结构及水力性质，又可进一步分为单一潜水区和多层结构含水区。

多层结构区根据钻孔资料在垂向上又可进一步划分为四个含水岩组，上部潜水划分为第Ⅰ含水岩组，又称为上覆潜水含水岩组。潜水与承压水之间一般都有一层比较连续的黏性土隔水层，厚度一般3~10 m。潜水以下承压水比较复杂，层次多、变化大。根据开发利用条件，在370 m勘探深度内，大致将50~170 m的含水层划为第Ⅱ含水岩组，又称为第一承压水含水岩组；将170~270 m的含水层划分为第Ⅲ含水岩组，又称为第二承压水含水岩组；270~370 m划分为第Ⅳ含水岩组。各承压含水岩组之间隔水层不稳定，连续性差（图2-2）。

2.2 赋存条件

2.2.1 松散岩类孔隙水

松散岩类孔隙水广泛储存于第四系冲洪积、冲湖积平原的松散沉积物孔隙中，形成了孔隙潜水与承压水，其特点是分布广、埋藏浅、开采方便，是最具供水意义的地下水。平原中第四系沉积物厚度受基底构造控制，变化很大，在研究区西部，沉积厚度超过千米，向东平原边缘厚度变为几十米。巨厚的松散沉积物为地下水赋存及运移提供了良好的空间，贮存了丰富的松散岩类孔隙水。按其赋存条件和所处地貌位置分述如下。

（1）潜水

潜水分为单一潜水和多次结构区上覆潜水，其不同类型分布

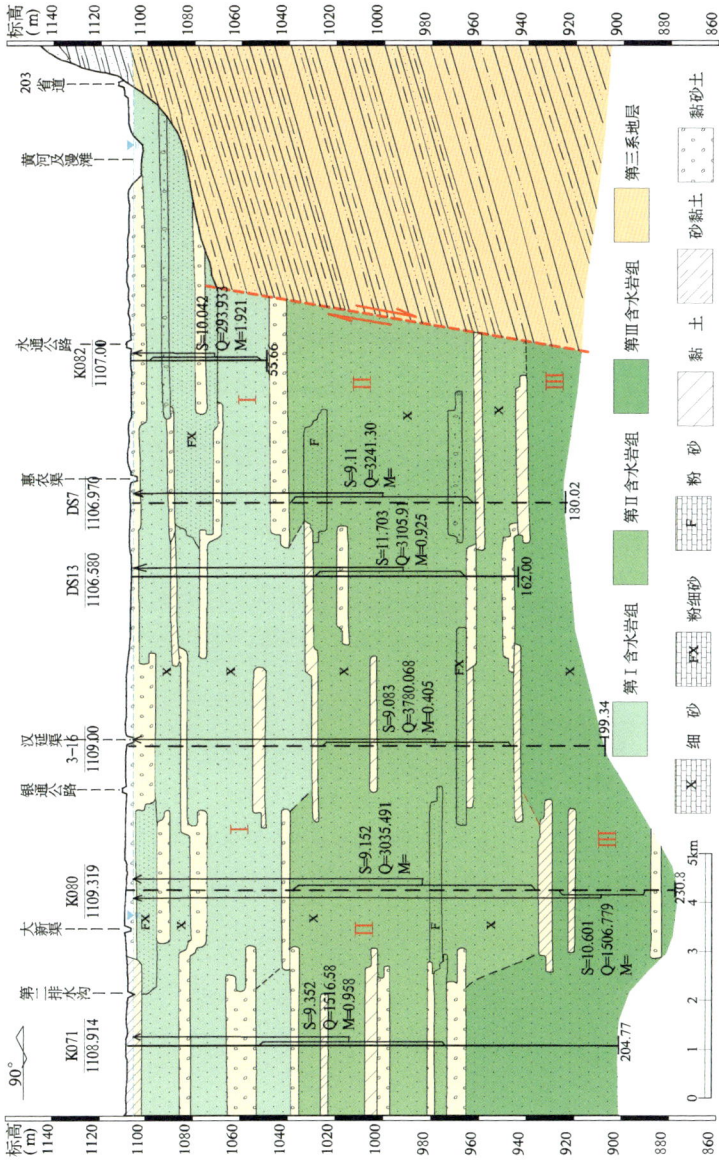

图2-2 综合水文地质剖面（来源：作者自绘）

范围和水力特征分别叙述如下：

①单一潜水

研究区内单一潜水主要分布在通贵—通南及横城一带的黄河河漫滩，由现代河流冲积而成，含水层主要以细砂为主。由于基底新近系隆起，导致第四系厚度变化很大，该地区第四系厚度50 m左右。地下水水位埋深靠近黄河岸边小于1 m，向两侧为1~3 m，通贵—通南一带为一般富水区，单井涌水量小于1 000 $m^3 \cdot d^{-1}$，地下水溶解性总固体含量大部分地区小于1 g/L，在通南村以南地下水溶解性总固体含量为1~3 g/L；富水性在横城一带为富水区和较富水区，单井涌水量为1000~2000 $m^3 \cdot d^{-1}$，靠近黄河岸边为富水区，向东单井涌水量逐渐减小，地下水溶解性总固体含量为1~3 g/L，南部地下水溶解性总固体含量为3~6 g/L。

②上覆潜水（第Ⅰ含水岩组）

上覆潜水在研究区内分布广泛，分布在除单一潜水分布区以外的广大冲洪积、冲湖积平原区，赋存于冲洪积、冲湖积平原多层结构含水层中，周边与单一潜水相接，它们之间有着密切的水力联系。在垂向上与下伏第Ⅱ含水岩组之间有一相对稳定的隔水层，含水岩组一般由2~4个相互具有水力联系的含水层构成，部分地段上覆较厚的黏性土，使其微具承压性。含水层岩性以细砂、粉细砂为主，厚度在30~70 m。水位埋深近南北带状分布，在河西平原，贺兰县牧场—通伏—通贵—通南—永南一线以东地下水水位埋深小于1 m，此一线以西至研究区中部大部分地区地下水水位埋深为1~3 m，在研究区西北部潘昶、长信、通义的大部分地区地下水水位埋深为3~10 m，在研究区西部边界永宁县—丰登乡一线以西，地下水水位埋深大于10 m。在河东地区，地下水在近黄河岸边水位埋深小于1 m，向东随着地势增高，水位埋深逐渐增大，东部山前水位埋深大于10 m。地下水富水性在永固—汉佐一带为极富水区，个别孔单井涌水量大于3000 m³·d⁻¹，在永南—掌政—八里桥以东及通义—民乐一带，为富水区，地下水单井涌水量大于2000~3000 m³·d⁻¹，在研究区内广大地区，为较富水地区，单井涌水量为1000~2000 m³·d⁻¹，研究区西北部及中北部、河东部分地区为一般富水区，地下水单井涌水量小于1000 m³·d⁻¹，在河东近山前地带，地表为风积沙，为零星含水区。地下水溶解性总固体含量在掌政—金贵—通贵—月牙湖近北北东带状区域内及研究区西北丰登一带小于1 g/L，在研究区内其余大部分地方为1~3 g/L，在研究区东南横城以南一带为3~6 g/L，在向东山区地带大于6 g/L。

（2）承压水

在研究区内，本次最大勘探深度为370 m。结合区域资料，将50~170 m划分为第Ⅱ含水岩组（第一承压水含水岩组），将170~270 m划分为第Ⅲ含水岩组（第二承压水含水岩组），将270~370 m划分为第Ⅳ含水岩组（第三承压水含水岩组）。其分布如下：

①第Ⅱ含水岩组（第一承压水含水岩组）

分布于第Ⅰ含水岩组之下，与上覆第Ⅰ含水岩组之间分布有较连续的黏性土隔水层，隔水层单层厚度为2~10 m，其岩性主要为黏土、黏砂土、砂黏土。第Ⅱ含水岩组顶板埋深35.65~98.63 m，大多在70 m左右，底板埋深136.02~199.20 m，大多在170 m左右，含水岩组由3~5个相互具有水力联系的含水层构成,它们之间有极不稳定的黏性土夹层,连续性差,地下水体相互贯通,具有密切的水力联系。含水岩组岩性以细砂、粉细砂、粉砂为主,偶夹砂砾石。含水岩组厚度一般在60~80 m,最大厚度达110.24 m,平原区含水岩组厚度西南部大于东北部。河西平原压力水头埋深多在1.29~4.25 m,埋藏最深达7.137 m,个别地区较浅,压力水头埋深小于1 m,河东地区压力水头埋藏较深,部分地方大于30 m。

第Ⅱ含水岩组富水性好,在研究区内中部永宁县—掌政—金贵—立岗及长信以西南北带状区域内为极富水区,地下水单井涌水量大于3000 $m^3 \cdot d^{-1}$,其余大部分地方为富水区,地下水单井涌水量为2000~3000 $m^3 \cdot d^{-1}$,仅在研究区东北月牙湖北部一带为较富水区,地下水单井涌水量为1000~2000 $m^3 \cdot d^{-1}$。在月牙湖东山区地带,地下水富水性稍差,为一般富水区,地下水单井涌水量小于1000 $m^3 \cdot d^{-1}$。

第Ⅱ含水岩组在研究区西部水质较好,地下水溶解性总固体含量在永宁—掌政—金贵—习岗及立岗以南近南北带状区域内小于1 g/L,其余大部分地方地下水溶解性总固体含量为1~3 g/L,仅在掌政向东靠近黄河及永南一带地下水溶解性总固体含量大于3 g/L,甚至部分地方大于6 g/L。

②第Ⅲ含水岩组(第二承压水含水岩组)

第Ⅲ含水岩组与第Ⅱ含水岩组之间由黏性土层隔开,但隔水层水平方向连续性差,不稳定,局部有天窗。因此,两个含水岩组之间水力联系比较密切,具有相似的特征。根据本次勘探资料,两层含水岩组之间隔水层主要由黏土、黏砂土、砂黏土组成,厚度变化较大，在2.25~15.38 m 之间；顶板埋深139.60~188.00 m，底板埋深235.93~284.31 m，含水岩组厚度在58.25~91.87 m 之间，个别孔达126.61 m。岩性以细砂、粉细砂及粉砂为主。压力水头埋深多在1.31~5.04 m，最深9.40 m；少数地区较浅，压力水头小于1 m。

第Ⅲ含水岩组富水性与第Ⅱ含水岩组相似，但极富水区和富水区范围相对缩小，金贵—习岗以东区域为极富水区，地下水单井涌水量大于3000 m³·d⁻¹，永南—掌政—立岗一带为富水区，地下水单井涌水量为2000~3000 m³·d⁻¹，向西为较富水区，地下水单井涌水量为1000~2000 m³·d⁻¹，仅在研究区东部贺兰县牧场附近为一般富水区，地下水单井涌水量小于1000 m³·d⁻¹。

第Ⅲ含水岩组与第Ⅱ含水岩组的地下水水质分布范围相似，但水质好的范围相对缩小，地下水溶解性含量仅在金贵—塔桥一带小于1 g/L，向东逐渐增大，在永南以东达6 g/L 以上。

③第Ⅳ含水岩组（第三承压水含水岩组）

第Ⅳ含水岩组资料少，本次勘探在贺兰县习岗镇五星村布设一组第Ⅳ含水岩组观测孔，初步了解第Ⅳ含水岩组的水量、水质情况。通过本次勘探，该孔顶板埋深268.15~283.52 m，隔水层厚度15.37 m，底板埋深357.40~363.52 m。隔水层岩性主要为黏土，含水层里夹有薄层的黏土、黏砂土，含水层厚64.26 m，岩性主要为细砂，单井涌水量为1966.464 m³·d⁻¹，地下水溶解性总固体含量为5.064 g/L。

2.2.2　碎屑岩类孔隙裂隙水

碎屑岩类孔隙裂隙水主要分布在研究区东部边界，东部紧邻毛乌素沙漠，地表多为风积沙。根据本次勘探及收集资料显示，西部边缘第四系覆盖厚度为150 m左右，向东至宁蒙边界，第四系覆盖厚度仅为10 m左右；第四系岩性主要以细砂、粉细砂为主，下伏新近系岩性主要为细砂岩、粉砂岩、泥质砂岩和砂质泥岩。地下水水位埋深大于30 m。本次在月牙湖东部布设两眼勘探孔，单井涌水量均小于500 m$^3 \cdot$ d^{-1}，地下水溶解性总固体含量小于3 g/L。

2.3 地下水补径排条件

研究区在地形地貌及构造的影响下，东部台地及研究区南部边界为地下水的补给区，山前洪积平原及河西黄河冲湖积平原为地下水的径流区，北部边界为地下水的排泄区。

2.3.1 地下水的补给

研究区地下水的补给主要为大气降水入渗补给、引黄灌溉入渗补给、渠系渗漏补给和侧向径流补给。

（1）大气降水入渗补给

研究区属于干旱气候区，降水稀少，多年平均降水量为179.56 mm，且年内分配不均，主要集中在6~9月份，占全年降水量的70%以上。大气降水对地下水的补给取决于大气降水量、降水形式以及包气带岩性和地下水位埋藏深度等因素，经计算第Ⅰ含水岩组接受大气降水入渗补给量0.186亿 m^3，相当于总补给量的5.1%。

（2）引黄灌溉入渗补给

黄河自南而北流过研究区，在研究区内径流长度57.5 km，在黄河两岸形成冲湖积平原，地势平坦，土地肥沃，有着数千年的灌溉历史。研究区内灌溉面积达83.47万亩，引黄灌溉的入渗补给是构成研究区内地下水的主要补给来源，根据计算农田灌溉年入渗补给第Ⅰ含水岩组水量为1.641亿 m^3，相当于总补给量的44.71%。

（3）渠系渗漏补给

研究区位于银川平原中北部，是青铜峡灌区的一部分，有着数千年的引黄灌溉史，渠系发达，大小渠系纵横交错，主要的灌渠有唐徕渠、汉延渠和惠农渠。据《宁夏回族自治区水资源公报》，2013年从黄河年引水量达24.02亿 m^3，流经研究区内的长度分别为14.7 km、53 km 和51.4 km，渠系衬砌较少，渠系渗漏是研究区地下水补给的重要来源之一。经计算，渠系渗漏补给第Ⅰ含水岩组水量为1.833亿 m^3，相当于总补给量的49.95%。

（4）侧向径流补给

研究区东部台地碎屑岩类地下水、南部及西部边界地下水以侧向径流的形式补给到研究区内，构成研究区内主要侧向补给量。经计算，研究区内侧向补给量为0.0104亿 m^3，相当于总补给量的0.24%。

2.3.2 地下水的径流

（1）潜水的径流

由于潜水径流受地形地貌及地层岩性等因素的影响，从潜水等水位线图（图2-3，图2-4）可以看出，在河东冲洪积平原，地下水径流条件好，径流速度快，方向为南西—北东；在河西黄河冲湖积平原，地下水总体径流方向为南西—北东，局部地方略有变化。在研究区西部地下水向银川市兴庆区方向流动，推测是由于开采地下水造成局部降落漏斗所致，在广大的冲湖积平原，地下水径流条件较差，径流缓慢，最后从研究区北部边界排出。

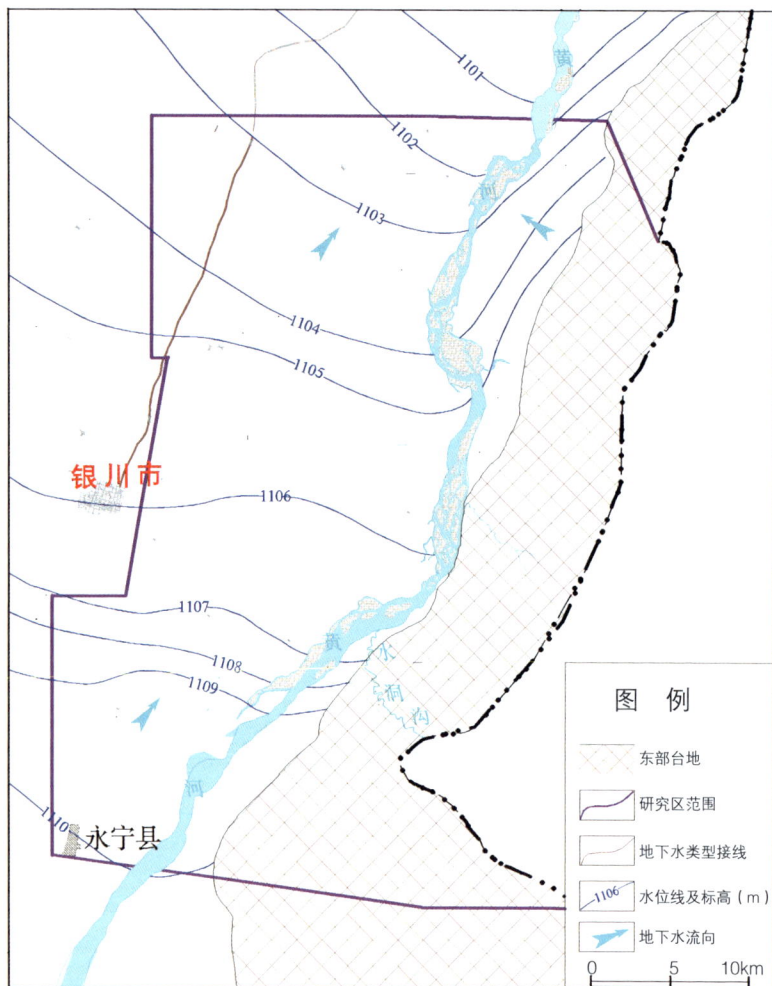

图2-3　丰水期潜水等水位线图（来源：作者自绘）

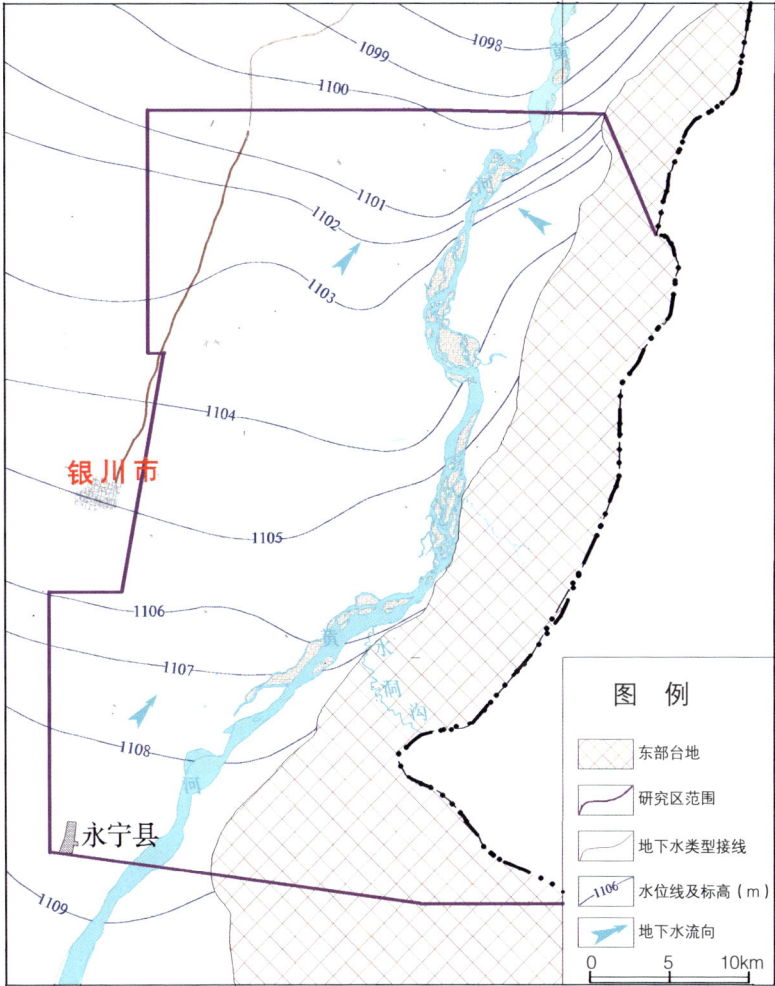

图2-4　枯水期潜水等水位线图（来源：作者自绘）

从丰水期和枯水期潜水等水位线图对比可以看出，地下水径流方向基本一致，但是在丰水期，受引黄农田灌溉入渗补给及渠系渗漏补给等因素的影响，地下水水位明显高于枯水期地下水水位，从而沟谷排泄地下水明显。

（2）承压水的径流

从第Ⅱ含水岩组等水压线图（图2-5）可以看出，在河西平原区地层岩性颗粒较细，地下水径流缓慢，水力梯度为0.2‰~0.7‰，地下水径流方向为南西—北东向；在黄河以东月牙湖地区，地下水径流速度较快，水力梯度为3‰~8‰，地下水水流方向复杂，但总体趋势呈现出由东向西的特点。

第Ⅲ含水岩组与第Ⅱ含水岩组隔水层连续性差，水力联系密切，其径流特点基本一致，地下水流向基本相同。

（3）潜水、承压水越流

对比潜水、承压水等水位（压）线图，在研究区南部永宁县一带，地下水呈现出承压水补给潜水，地下水水头高差1~2 m。除此区域之外的研究区北部广大地区，在丰水期潜水水位上升，潜水越流补给承压水，在枯水期潜水水位下降，呈现出承压水补给潜水。

2.3.3　地下水排泄

地下水的排泄主要包括蒸发排泄、排水沟排泄、人工开采和侧向排泄。

（1）蒸发排泄

研究区处于干旱半干旱气候区，多年蒸发量为1400~1900 mm之间，多年平均蒸发量为1637.9mm，具有显著的蒸发强烈的特点。

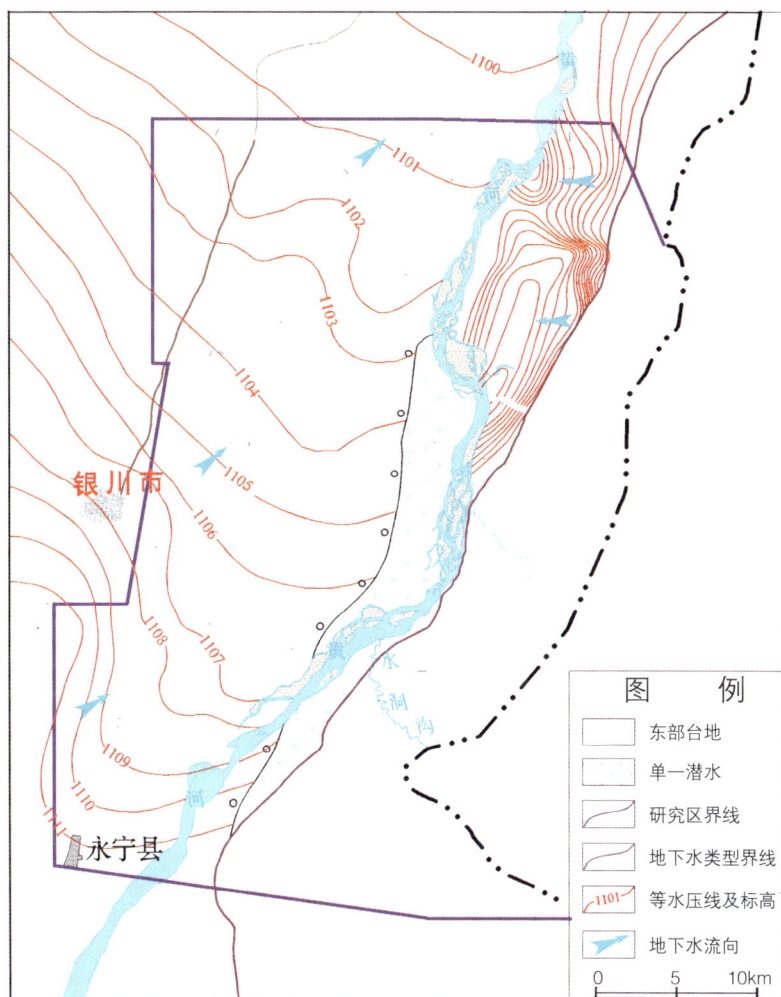

图2-5　第Ⅱ含水岩组等水压线图（来源：作者自绘）

在研究区内，影响蒸发的主要因素是潜水水位埋藏深度和包气带岩性。一般当潜水水位埋藏深度超过3 m时蒸发便极其微弱，甚至不受蒸发的影响，另外有利于蒸发的土壤为黏质砂土、砂质黏土等，研究区内黄河冲洪积、冲湖积平原区大部分地区包气带岩性为黏质砂土、砂质黏土，水位埋藏深度大部分地区为1~3 m，甚至小于1 m。因此，蒸发排泄为地下水排泄的主要方式之一。经计算，研究区内蒸发排泄为2.153亿 m³，为总排泄量的58.19%。

（2）排水沟排泄

研究区内河西平原区已形成了干沟、支沟和分沟完整的排水体系，干沟、支沟的沟底深度大多在3~4 m，潜水水位埋深大部分地方小于3 m，沟深超出了潜水水位埋藏深度。排水沟除了排泄农田灌溉余水、污水外，还排泄部分地下水，经计算排泄量为1.396亿 m³，占总排泄量的37.73%。

（3）人工开采

研究区内人工开采主要包括灌溉补水、人饮开采地下水和厂矿企业的自备井。其中研究区内灌溉补水集中分布在汉延渠的末梢，在研究区内大部分地方零星分布着灌溉机井，据调查了解，灌溉机井井深一般为60~80 m，开采第Ⅰ含水岩组地下水；人饮开采主要包括水源地集中开采和农村安全饮水工程；自备井开采主要为研究区内厂矿企业自备井。

根据本次调查了解，研究区内地下水开采主要为第Ⅱ含水岩组，其次为第Ⅰ含水岩组，第Ⅰ、Ⅱ含水岩组的开采量分别为1300万 m³·d⁻¹和3 767.69万 m³·d⁻¹。

（4）侧向排泄

研究区内地下水径流方向为北东向，研究区北部边界及黄河为地下水的排泄边界，经计算，研究区内侧向排泄量为0.0216万 $m^3 \cdot d^{-1}$。

2.4　地下水水化学特征

2.4.1　水化学特征

（1）松散岩类孔隙水

由于受气候、地形、地质及岩性多种因素影响，形成了复杂多变的水化学类型。在分布上各含水岩组之间既相互联系又各不相同，根据各含水岩组水化学类型分布特征，分述如下：

①潜水

为了进一步反映不同深度潜水含水岩组水化学特征，分别编制了取样深度在地面以下、30m 以上的浅层地下水水化学图和30~70m 深度的第Ⅰ含水岩组（潜水）水化学图。

从浅层地下水水化学图（图2-6）中可以看出，浅层地下水在黄河以西水化学类型主要以 HS 型为主；黄河以东，在红墩子以南地下水类型以 CS 型为主，在红墩子以北地下水类型以 SC 型为主，在这些类型中还分布有其他类型的地下水，种类繁多。由于浅层地下水水化学受气候、地质地貌及水文地质条件的影响明显，水化学成分比较复杂，变化多样，如在同一地区就有多种不同水化学类型。

地下水溶解性总固体含量在永宁—掌政—金贵—立岗一线带状区域内小于1g/L，向东西两侧地下水溶解性总固体含量有增大

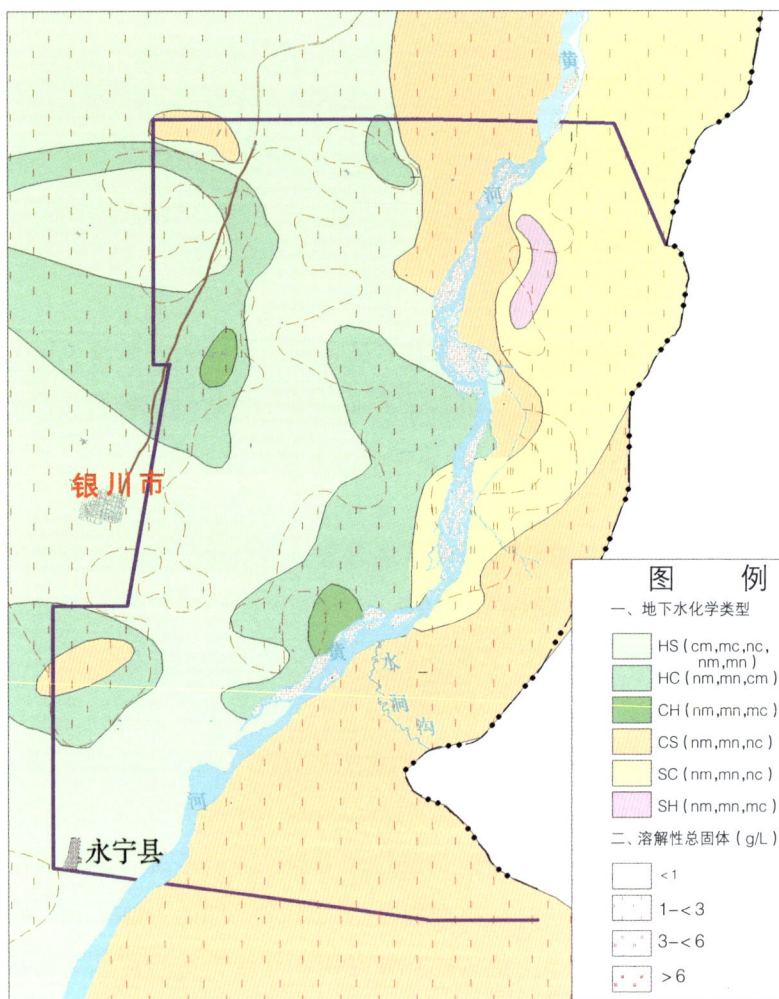

图2-6　浅层地下水水化学图（来源：作者自绘）

的趋势，为1~3 g/L，在通贵以东至黄河地下水溶解性总固体含量大于3 g/L。

从第Ⅰ含水岩组水化学图（图2-7）可以看出，第Ⅰ含水岩组地下水水化学类型具有明显的南北带状分布规律。在研究区西部，地下水类型为HC型，向东过渡为HS型，靠近黄河两岸地下水类型以CS型为主，东部边界上覆潜水，地下水类型主要为SC型。

地下水溶解性总固体含量在掌政—金贵—通贵—月牙湖近北北东带状区域内及研究区西北丰登一带小于1 g/L。在研究区内其余大部分地方地下水溶解性总固体含量为1~3 g/L，在研究区东南横城以南一带，地下水溶解总固体含量为3~6 g/L，向东山区地带地下水溶解性总固体含量大于6 g/L。

②承压水

从第Ⅱ含水岩组水化学图（图2-8）可看出，第Ⅱ含水岩组水化学类型基本呈南北带状分布，从西向东，水化学类型依次为HC → CS → HS型，随着阳离子的变化，地下水类型多变，分布较多。HC型地下水主要分布在长信—塔桥一带以西的区域，CS型地下水分布在研究区内大部分地方，HS型水近黄河岸边呈条带分布。

第Ⅱ含水岩组在研究区西部水质较好，地下水溶解性总固体含量在永宁—掌政—金贵—习岗及立岗以南近南北带状区域内小于1 g/L，其余大部分地方地下水溶解性总固体含量为1~3 g/L，仅在掌政向东靠近黄河及永南一带地下水溶解性总固体含量大于3 g/L，甚至部分地方大于6 g/L。

本次调查评价工作第Ⅲ含水岩组钻孔较少，结合本次的勘探

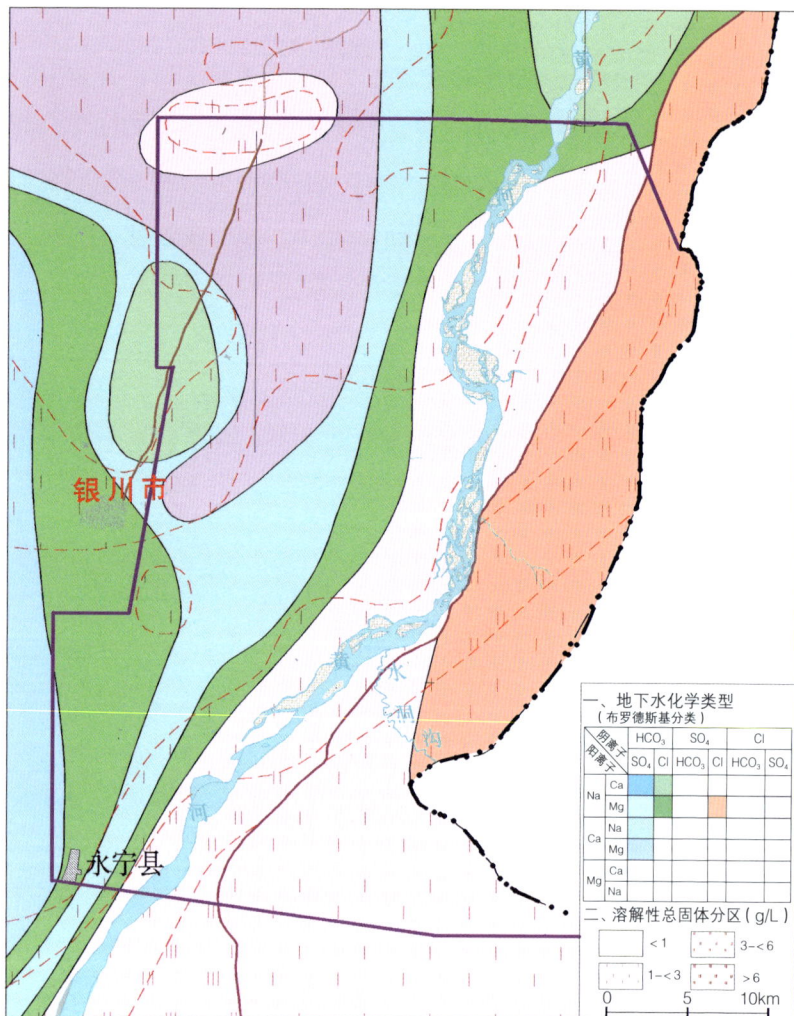

图2-7 第Ⅰ含水岩组地下水水化学图（来源：作者自绘）

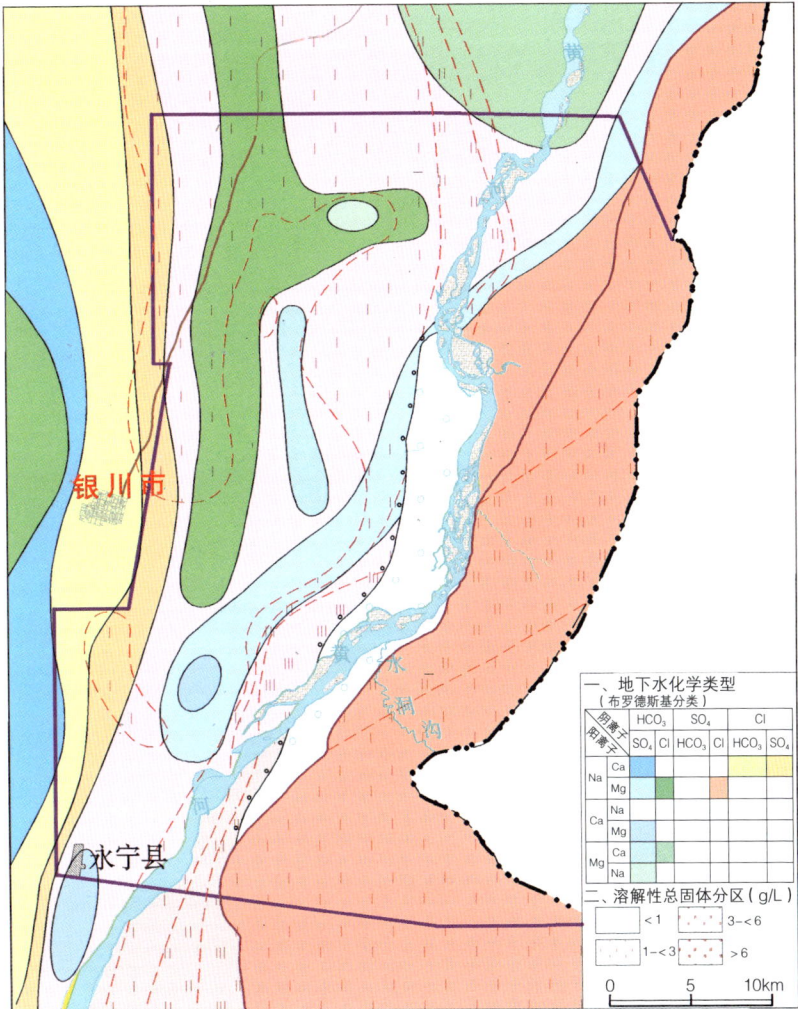

图2-8 第Ⅱ含水岩组地下水水化学图（来源：作者自绘）

孔，充分利用前人钻孔资料得出第Ⅲ含水岩组与第Ⅱ含水岩组之间隔水层不稳定，水力联系密切。从第Ⅲ含水岩组水化学图（图2-9）可以看出，第Ⅲ含水岩组水化学特征与第Ⅱ含水岩组水化学分布特征基本相似又略有区别，地下水水化学类型从西向东依次为 HC → CS → HS → CS 型，但是第Ⅲ含水岩组 HS 型水主要分布在金贵—掌政一带，范围较小，其余大部分为 CS 型地下水，在长信—塔桥一线呈南北带状分布有 HC 型地下水，其他类型的地下水在研究区内零星分布，随着阳离子的变化类型多样。

第Ⅲ含水岩组地下水水质分布范围与第Ⅱ含水岩组相似，但水质好的范围相对缩小，地下水溶解性含量仅在金贵—塔桥一带小于1g/L，向东逐渐增大，在永南以东达6g/L以上。

（2）碎屑岩类孔隙裂隙水

碎屑岩类孔隙裂隙水主要分布在研究区的东部边界，表层覆盖薄层的风积沙，其下为新近系及古近系地层，地下水类型以 SC 型为主，地下水溶解性总固体含量小于3g/L。

2.4.2 氟离子及总硬度含量分布特征

氟是人体需要的微量元素之一，但是若长期饮用氟超标的水将会对人体造成危害。根据《生活饮用水卫生标准》，饮用水中氟离子含量不得超过$1\,mg\cdot L^{-1}$，若长期饮用氟离子含量超过$1\,mg\cdot L^{-1}$的水，将会对人体造成危害。结合本次勘探的任务，本次勘探中第Ⅰ含水岩组氟离子及总硬度资料较少，将重点分析第Ⅱ、Ⅲ含水岩组的氟离子及总硬度分布特征。

（1）第Ⅱ含水岩组

结合本次钻孔资料，充分利用已有的前人成果资料分析研究

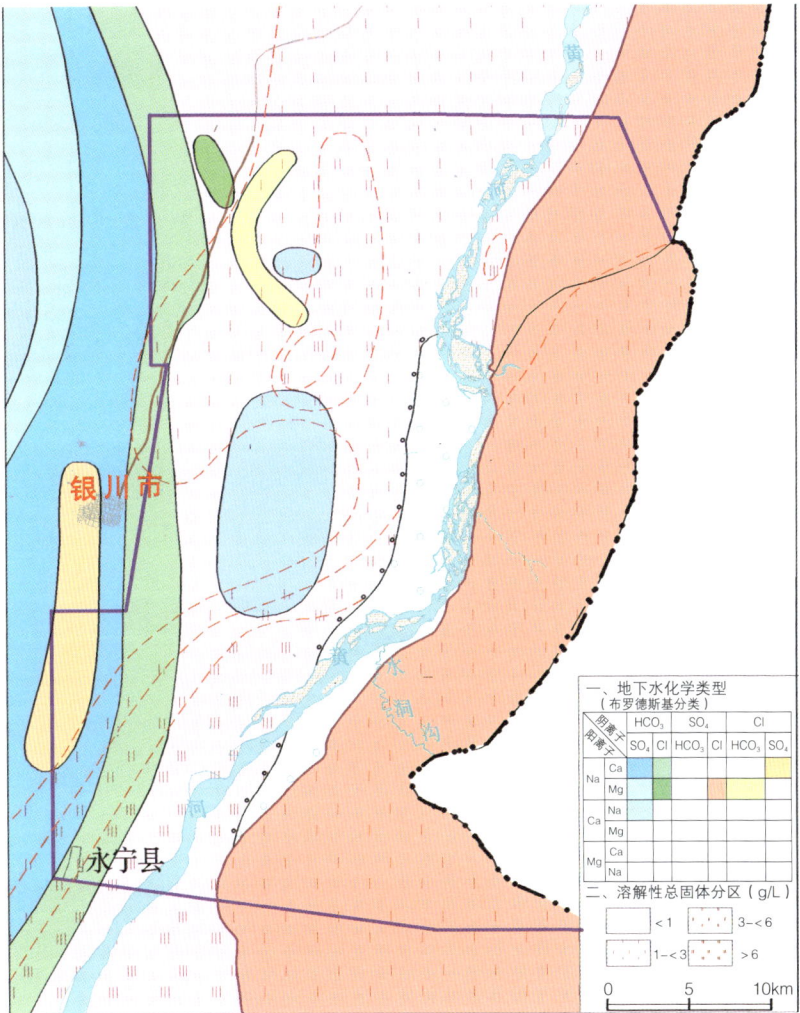

图2-9　第Ⅲ含水岩组水化学图（来源：作者自绘）

区内氟离子及总硬度分布特征（图2-10），研究区内黄河以西大部分地方氟离子含量小于1 mg·L^{-1}，仅在掌政西北春林村及永宁南北部两个钻孔中，氟离子含量超标。在黄河以东月牙湖地区及横城以南区域，氟离子含量均超标。

总硬度在研究区内黄河以西仅在四十里店—塔桥—永宁一带以西小于450 mg·L^{-1}，向东地下水总硬度含量增大，靠近黄河岸边部分地区总硬度含量超过550 mg·L^{-1}。黄河以东月牙湖地区，地下水总硬度含量较小，南部临河以南地下水总硬度含量较大，部分点总硬度含量超过550 mg·L^{-1}。

（2）第Ⅲ含水岩组

第Ⅲ含水岩组中氟离子含量在研究区内黄河以西大部分地区小于1 mg·L^{-1}，仅在通贵—通南—永南一带大于1 mg·L^{-1}。黄河以东区域，氟离子含量均超过1 g/L。

地下水总硬度含量在研究区黄河以西长信—塔桥—永宁一线以西及金贵—掌政一带小于450 mg·L^{-1}，向东北地下水总硬度含量增大，靠近黄河岸边部分点总硬度含量超过550 mg·L^{-1}。黄河以东，地下水总硬度含量较大（图2-11）。

2.4.3 铁、锰离子分布特征

铁、锰离子在水中常呈共生形式存在，是人体不可缺少的微量元素，但含量过高时则对感官性状及人体健康有一定影响。水质标准中对铁含量的限制不是因为它的毒性作用，主要是因为它对水的感官性状的影响。据资料显示，水中铁含量在0.3~0.5 mg·L^{-1}时无任何异味，而达到1 mg·L^{-1}以上时则有明显的金属味，且色度大于30度。锰含量过量可影响到人体健康。

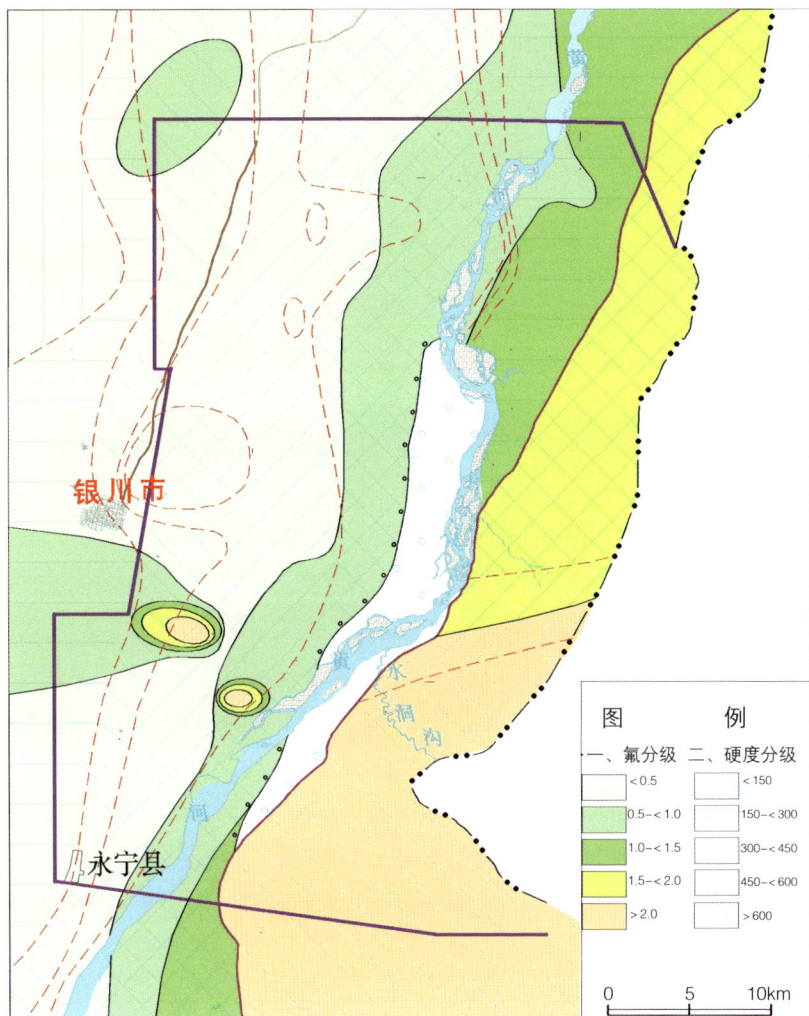

图2-10 第Ⅱ含水岩组氟离子及总硬度分布图（来源：作者自绘）

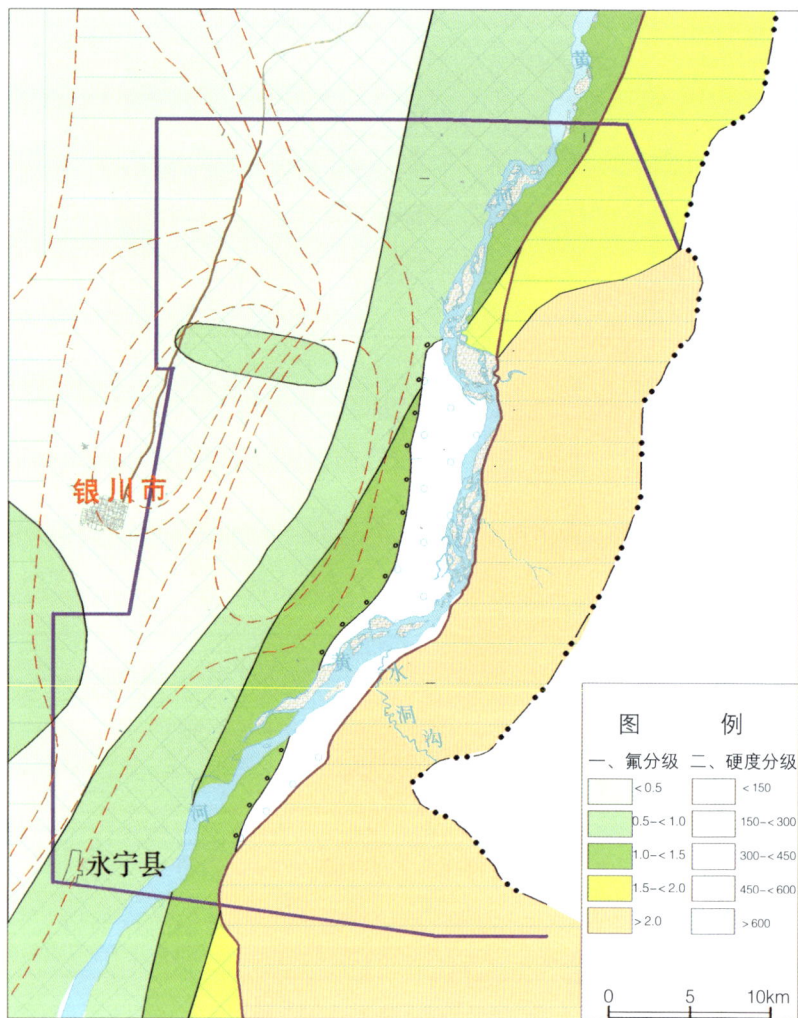

图2-11　第Ⅲ含水岩组氟离子及总硬度分布图（来源：作者自绘）

　　结合本次勘探资料，收集研究区内已有的前人资料得出以下结论。第Ⅱ含水岩组含铁离子样品共计66件，其中铁离子超标32件；含锰离子样品共计57件，锰离子超标41件。在研究区内黄河以东均未检出铁、锰离子超标，在黄河以西平原，铁离子普遍超标。铁离子未超标样品仅分布在贺兰县立岗镇幸福村一带，其余零星分布，锰离子在黄河以西平原基本全部超标。第Ⅲ含水岩组含铁离子样品共计36件，其中23件样品铁离子含量超标；含锰离子样品23组，其中20件样品锰离子含量超标。铁离子未超标样品主要分布在贺兰县立岗镇立岗村一带，其余河西平原大部分地区铁离子含量超标，锰离子在河西平原基本全部超标。

第3章　地下水资源评价

地下水资源包括地下水天然资源和开采资源两部分。地下水天然资源是指地下水系统中参与现代水循环和水交替，可以恢复、更新的地下水。地下水开采资源量是指在一定技术、经济条件下，开采过程中不会诱发严重的环境问题，可以持续开采利用的地下水。

3.1　地下水资源量计算原则与分区

3.1.1　地下水资源量计算原则

本次地下水资源计算分别计算地下水天然资源量与开采资源量，并对地下水水量与水质进行评价，评价原则如下：

第一，第Ⅰ含水岩组（潜水）分别采用水均衡法和有限差分法进行均衡计算，计算其天然状态下补给资源量与排泄量。

第二，以不同计算方法，分别计算各含水岩组不同水质的开采资源量，以补给量论证开采资源的保证程度。

第三，为不改变第Ⅱ含水岩组承压水水力性质，水位最大允许降深值不超过第Ⅱ含水岩组隔水顶板埋深。

第四，地下水水质评价，分别从生活饮用水、农田灌溉用水与一般锅炉用水等方面进行评价。

第五，地下水资源计算中，各项参数以实测与试验数据为主，结合前人成果资料为本次资源计算的依据。

3.1.2 地下水资源量计算分区

根据本地区的地质、地貌及水文地质条件，考虑研究区内地下水资源特点，将研究区划分为黄河平原（Ⅰ）和陶灵台地（Ⅱ）两个大的计算分区，黄河平原又分为五个小的计算分区，计算分区见表3–1、图3–1。

表 3–1　地下水天然资源计算分区表

区		计 算 分 区		计算面积（km²）
名 称	代 号	名 称	代 号	
黄河平原	Ⅰ	河西平原区	I_1	698.48
		河东月牙湖平原区	I_2	91.37
		河东临河平原区	I_3	19.24
		河漫滩河西区	I_4	52.63
		河漫滩河东区	I_5	24.40
陶灵台地	Ⅱ		Ⅱ	401.88
合 计				1288.0

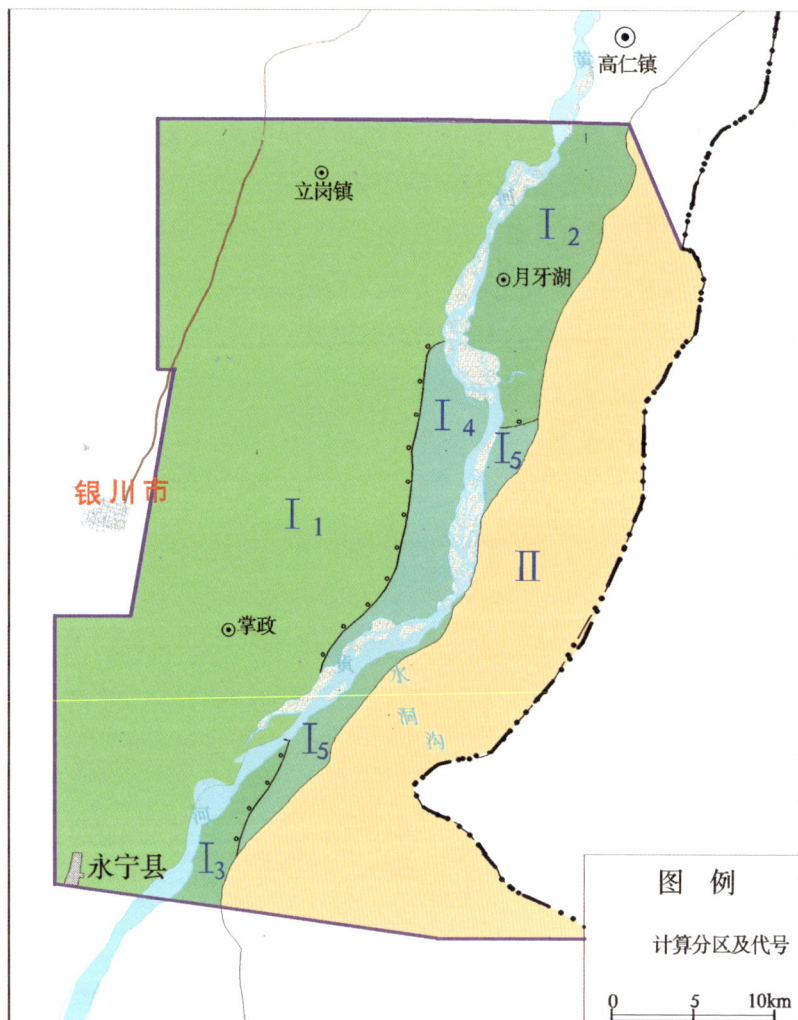

图3-1　地下水资源计算分区图（来源：作者自绘）

3.2 地下水资源计算

3.2.1 计算方法与参数选取

（1）计算方法

根据水文地质条件和研究程度，地下水天然补给资源计算采用水均衡法、补给量相加法等方法计算。

地下水开采资源量计算采用地下水开采状态下水均衡法、平均布井法计算。

（2）参数选取

水文参数与水文地质参数是计算评价地下水资源的重要数据，也是影响评价结果的主要因素。本次地下水资源计算，水文参数主要是收集有关部门的相关数据和前人成果资料，通过分析对比，根据水文地质条件而定；水文地质参数是通过本次勘探时非稳定流抽水试验进行参数计算取得。

各项水文参数选取：渠系引水量、排水沟排水量采用《永宁县水利发展规划》《贺兰县水利志》及《2013年宁夏水资源公报》中数据，有效降水系数、降水入渗系数、渠系入渗系数、田间灌溉入渗系数、灌溉定额等参数选用人民出版社出版的《宁夏农业灌溉用水定额编制说明》《宁夏回族自治区水资源调查评价》与宁夏地质工程勘察院编制的《银川平原农业生产基地地下水资源及环境地质综合勘查评价报告》中的数据，地下水开采量采用本次调查统计数据。

水文地质参数选取：主要选取本次勘探中非稳定流抽水试验

计算参数及研究区内和周边前人非稳定流抽水试验计算的参数。由于本次勘探第Ⅰ含水岩组抽水试验资料较少，因此在参数选取中，部分地区应用了前人成果资料。

3.2.2 平原区地下水天然资源量计算

在天然状态下，黄河平原河西区、河东区及黄河河漫滩均采用水均衡法计算，均衡期为1个水文年，采用2013年的资料分项计算各均衡要素。

（1）地下水均衡方程式

潜水含水岩组水位变化，反映了地下水储量的变化，应符合下列表达式：

$$\frac{u \cdot \triangle hF}{\triangle t} = Q_{补} - Q_{排}$$

式中：

$\dfrac{u \cdot \triangle hF}{\triangle t}$——地下水多年平均储存量变化值，数值上等于 $Q_{补} - Q_{排}$（亿 $m^3 \cdot a^{-1}$）；

$Q_{补}$——地下水各项天然补给量之和（亿 $m^3 \cdot a^{-1}$）；

$Q_{排}$——地下水各项排泄量之和（亿 $m^3 \cdot a^{-1}$）。

$$Q_{补} = Q_{大} + Q_{田} + Q_{渠} + Q_{侧} + Q_{沙}$$

式中：

$Q_{大}$——大气降水渗入补给量（亿 $m^3 \cdot a^{-1}$）；

$Q_{田}$——田间灌溉渗漏补给量（亿 $m^3 \cdot a^{-1}$）；

$Q_{渠}$——渠系渗漏补给量（亿 $m^3 \cdot a^{-1}$）；

$Q_{侧}$——地下水侧向补给量（亿 $m^3 \cdot a^{-1}$）；

$Q_{沙}$——沙漠凝结水补给量（亿 $m^3 \cdot a^{-1}$）。

$$Q_{排} = Q_{侧排} + Q_{蒸} + Q_{沟} + Q_{开}$$

式中：

$Q_{侧排}$——地下水侧向排泄量（亿 $m^3 \cdot a^{-1}$）；

$Q_{蒸}$——地下水蒸发量（亿 $m^3 \cdot a^{-1}$）；

$Q_{沟}$——排水沟排泄地下水量（亿 $m^3 \cdot a^{-1}$）；

$Q_{开}$——地下水开采量（亿 $m^3 \cdot a^{-1}$）。

（2）地下水补给项计算

①大气降水入渗量

降水入渗面积从1：5万的地形图上量取，年降水量分别采用贺兰、银川、永宁、灵武和陶乐气象站1991—2012年的资料，大气降水入渗补给量采用下式计算。

$$Q_{降} = 10^{-1} \cdot F \cdot A \cdot \alpha \cdot r$$

式中：

$Q_{降}$——降水入渗补给量（亿 $m^3 \cdot a^{-1}$）；

F——均衡区面积（km^2）；

A——年降水量（mm）；

α——降水入渗系数；

r——有效降水系数。

参数选取及计算结果见表3-2。

表 3-2　大气降水入渗补给量计算结果

计算区	计算面积（km²）	年降水量（mm）	有效降水系数（%）	入渗系数	降水入渗量（亿 m³·a⁻¹）
河西平原区（I_1）	698.48	179.70	0.55	0.21	0.145
河东月牙湖平原区（I_2）	91.37	174.81	0.55	0.23	0.020
河东临河平原区（I_3）	19.24	185.94	0.55	0.23	0.000
河漫滩河西区（I_4）	52.63	179.70	0.55	0.21	0.011
河漫滩河东区（I_5）	24.40	180.38	0.55	0.21	0.005
合计	886.12				0.186

②田间灌溉入渗补给量

田间灌溉入渗补给量主要计算黄河平原河西区、河东区及河漫滩。耕地总面积及水田、水浇田面积根据《2014年银川统计年鉴》，结合调查资料计算取得，各计算区灌溉面积根据水文地质单元划分，灌溉定额采用《宁夏农业灌溉用水定额编制说明》中该地区的灌溉定额，入渗系数采用《银川平原农业生产基地地下水资源及环境地质综合勘查评价报告》中数据，田间灌溉渗漏补给量采用下式计算（表3-3）。

$$Q_田 = \alpha \cdot Q_{田间}$$

式中：

$Q_田$——田间灌溉入渗量（亿 m³/a）；

α——灌溉入渗系数；

$Q_{田间}$——田间灌溉水量（m^3/a）。

表3-3　田间灌溉入渗计算结果表

计算区	灌溉面积（万亩）		灌溉定额（$m^3 \cdot a^{-1} \cdot$ 亩）		灌溉入渗系数		入渗量（亿$m^3 \cdot a^{-1}$）
	水田	旱田	水田	旱田	水田	旱田	
河西平原区（I_1）	34.58	32.93	1790.00	520.00	0.164	0.21	1.375
河东月牙湖平原区（I_2）	3.82	1.20	1460.00	510.00	0.164	0.19	0.103
河东临河平原区（I_3）	0.67	1.46	1460.00	510.00	0.164	0.19	0.030
河漫滩河西区（I_4）	2.17	3.75	1790.00	520.00	0.164	0.21	0.105
河漫滩河东区（I_5）	0.00	2.89		510.00		0.19	0.028
	42.24	42.23					1.641

③渠系渗漏补给量

研究区河西平原区，从研究区外围流入的渠系从西向东主要有唐徕渠、汉延渠和惠农渠，为避免重复计算资源量，本次不再计算支渠等其他渠系渗漏量，除此之外，在计算过程中减去各渠系的衬砌长度；研究区河东平原区月牙湖地区新开挖渠系，据调查知，渠系全部衬砌，无渗漏，故不计算该区渠系渗漏量。渠系渗漏补给量采用下式计算：

$$Q_渠 = q \cdot L \cdot T$$

$$q = 10 \cdot A \cdot Q^{1-m}$$

式中：

$Q_渠$——渠系渗漏补给量（亿 $m^3 \cdot a^{-1}$）；

q——渠道单位长度的渗入量（$m^3 \cdot s \cdot km^{-1}$）；

Q——渠道引水量（亿 $m^3 \cdot a^{-1}$）；

A、m——与土层渗水性有关的系数；

L——渠道长度（km）；

T——渠道行水时间（d）。

参数 A、m 引用原宁夏水文总站《浅层地下水资源报告》，其公式为：

$$q = 0.04Q^{0.4}$$

参数选取及计算结果见表3-4。

表 3-4 渠　渠系渗漏补给量计算结果

计算区	渠系名称	L（km）	q（$m^3 \cdot s \cdot km^{-1}$）	T（d）	$Q_{渠渗}$（亿 $m^3 \cdot a^{-1}$）
河西平原区（I_1）、河漫滩河西区（I_4）	唐徕渠	8.43	0.18	147	0.192
	汉延渠	36.45	0.16	147	0.725
	惠农渠	37.32	0.19	147	0.916
合计					1.833

④地下水的侧向补给量

依据研究区潜水等水位线图，研究区内地下水的侧向补给量主要为研究区南部边界的径流补给及东部台地的补给，补给断面见图3-2。地下水的侧向径流补给量采用分段计算，渗透系数取各段钻孔资料计算，参数、水力梯度根据两相邻等水位线或地下水流方向上相邻钻孔水位标高和距离计算取值，含水层厚度采用各钻孔可见厚度，计算公式如下：

$$Q_{侧}=K \cdot H \cdot L \cdot I \cdot \sin \alpha$$

式中：

　　$Q_{侧}$——地下水的侧向径流补给量（m^3）；

　　K——渗透系数（$m \cdot d^{-1}$）；

　　H——含水层厚度（m）；

　　L——计算断面长度（m）；

　　I——水力坡度；

　　α——地下水流向与计算断面的夹角。

侧向径流补给量参数选取及计算结果见表3-5。

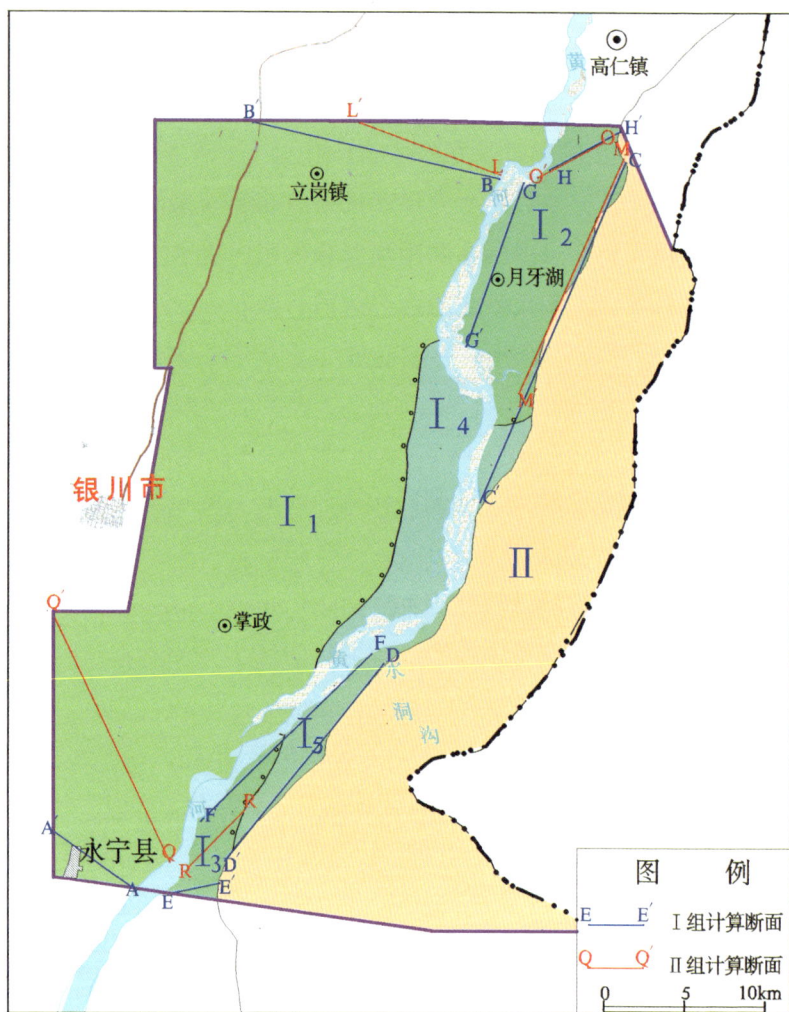

图3-2　计算断面位置示意图（来源：作者自绘）

表 3-5 侧向径流补给量计算结果

计算区	断面编号	控制点	渗透系数（m·d⁻¹）	含水层厚度（m）	水力梯度	含水层宽度（km）	补给量（亿 m³·a⁻¹）
河西平原（I₁）	A-A′	青009	3.63	69.28	0.000197	6.11	0.0012
		青048	4.49	69.30			
河东临河平原区（I₃）	E-E′	青057	4.92	59.45	0.000276	3.23	0.0010
河漫滩河东区（I₅）	D-D′	青056	5.28	65.47	0.000322	15.34	0.0062
河东月牙湖平原区（I₂）	C-C′	杭002	5.43	8.00	0.000561	22.25	0.0020
合计							0.0104

注：通过计算，西侧边界处东西向水力梯度较小，且地下水流向与计算断面夹角较小，补给量极小，资源总量中忽略不计，后续黄河排泄量同上。

（3）地下水排泄量计算

①侧向径流排泄量

受地形地貌、构造等影响，地下水从南西向北东方向流动，根据潜水等水位图可知，研究区内在河西平原地下水从北部边界流出研究区；在黄河以东，地下水除从北部边界流出研究区外，一部分向黄河排泄，地下水排泄断面见图3-2。地下水排泄量采用下式计算：

$$Q_{侧}=K \cdot H \cdot L \cdot I \cdot \sin \alpha$$

式中：

$Q_{侧}$——地下水的侧向径流补给量（m^3）；

K——渗透系数（m/d）；

H——含水层厚度（m）；

L——计算断面长度（m）；

I——水力坡度。

侧向径流排泄量参数选取及计算结果见表3-6。

表 3-6　侧向径流排泄量计算结果

计算区	断面编号	控制点	渗透系数（m·d⁻¹）	含水层厚度（m）	水力梯度	含水层宽度（km）	排泄量（亿m³·a⁻¹）
河西平原区（I₁）	B–B′	平94	11.31	21.90	0.00011	15.90	0.0030
		平95	15.64	48.16			
河东月牙湖平原区（I₂）	H–H′	陶97	8.31	42.40	0.00067	4.92	0.0042
	G–G′	Y05	5.43	16.50	0.00034	10.42	0.0012
河漫滩河东区（I₅）、河东临河平原区（I₃）	F–F′	青109	12.56	54.34	0.00036	14.55	0.0132
		青002	12.89	55.93			
合计							0.0216

②蒸发排泄量

研究区处于黄河冲湖积平原区，受引黄灌溉的影响，地下水位埋藏较浅，多在1~3m，甚至部分地区水位埋深小于1m，在干旱气候条件下潜水蒸发是地下水排泄的主要途径，潜水蒸发量按下列公式计算：

$$Q_{蒸} = 10^{-5} F \cdot \varepsilon$$

$$\varepsilon = \varepsilon_0 \left(1 - \triangle / \triangle_0 \right)^n$$

式中：

F ——计算区面积（km^2）；

ε ——潜水蒸发度（$mm \cdot a^{-1}$）；

ε_0 ——水面蒸发度（$mm \cdot a^{-1}$）；

$\triangle$ ——计算区潜水水位平均埋藏深度（m）；

$\triangle_0$ ——潜水不被蒸发的极限深度（m）；

n——与土质有关的系数。

潜水蒸发量根据不同水位埋深分级（图3-3）进行计算，潜水蒸发面积从水位埋深图上量取，潜水极限蒸发深度及n值引自前人报告，极限蒸发深度为3m，与土质有关系数为2。

水面蒸发量取贺兰、银川、永宁、陶乐和灵武气象站1991—2012年的多年平均值，水面蒸发量按换算系数换算成大面积水面蒸发量后使用，各项参数取值及计算结果见表3-7。

表 3-7　蒸发排泄量计算结果

计算区	水位埋深（m）	面积（km²）	平均水位（m）	水面蒸发量（mm）	蒸发度（mm）	蒸发量（亿 m³·a⁻¹）
河西区（ I₁、I₄ ）	<1	125.48	0.61	983.15	623.98	0.783
	1～3	499.15	1.52	983.15	239.28	1.194
小计		624.63				1.977
河东区（ I₂、I₃、I₅ ）	<1	29.15	0.86	990.06	503.79	0.147
	1～3	26.47	2.01	990.06	107.82	0.029
小计		55.62				0.175
合计		680.25				2.153

③排水沟排泄量

研究区内河西平原区主要排水沟为第二排水沟和第四排水沟，主要承担着黄河以西平原区的灌溉回归水、渠道退水、降雨形成的地表水、生活污水和地下水的排泄；河东平原区有独立的排水系统，主要承担河东的排水。

排水沟排泄地下水采用下式计算：

$$Q_{沟} = \delta \cdot Q$$

式中：

$Q_{沟}$——排水沟排泄地下水量（亿 m³·a⁻¹）；

δ——排水沟排泄地下水系数；

Q——排水沟排水总量（亿 m³·a⁻¹）。

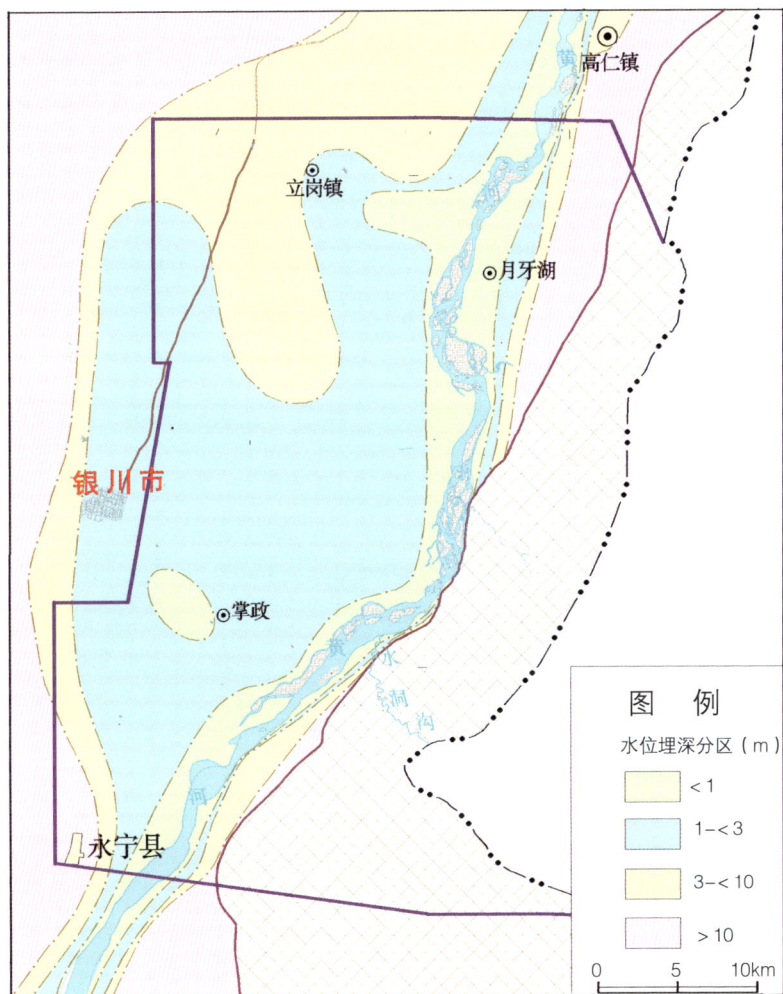

图3-3　潜水水位埋深分区（来源：作者自绘）

本次计算为避免重复计算排水沟排泄量，只计算研究区内干沟第二排水沟、第四排水沟和流经研究区直接排入黄河的排水沟银新干沟及银东干沟；四三支沟为研究区内主要排水沟，整条支沟均在研究区内，控制排水面积大，进行独立计算，排水量采用汇入第四排水沟时的排水量，第四排水沟本次计算只采用研究区内排水面积的排水量，其他支沟不再独立计算排水量。

各排水沟排泄量采用研究区内各区、县水务部门统计资料，排水沟排泄地下水的系数采用《银川平原农业生产基地地下水资源及环境地质综合勘查评价报告》中参数。

排水沟排泄地下水参数取值及计算结果见表3-8。

表 3-8　排水沟排泄量计算结果

计算分区	排水沟名称	总排水量 （亿 $m^3 \cdot a^{-1}$）	排泄系数 （％）	地下水排泄量 （亿 $m^3 \cdot a^{-1}$）
河西区 （ I_1、 I_4 ）	第二排水沟	0.72	35.65	0.257
	第四排水沟	0.44	33.40	0.146
	四三支沟	0.97	33.40	0.324
	银新干沟	1.07	36.79	0.393
	银东干沟	0.60	28.99	0.175
河东区 （ I_2、 I_3、 I_5 ）	河东排水系统	0.34	28.60	0.096
合计				1.392

④地下水开采量

研究区内第Ⅰ含水岩组开采量主要为研究区农田灌溉补水，主要分布在汉延渠的末梢，在研究区内其余地方零星分布有灌溉机井，据调查了解，灌溉机井井深一般为60~80 m，这些机井大多平常不用，在灌期汉延渠水不足时，才抽取地下水灌溉，根据收集资料统计，研究区范围内灌溉井年开采量为1 300万 m³。

（4）地下水均衡结果

根据上述计算，研究区内平原区地下水均衡结果见表3-9。

表 3-9　潜水均衡计算结果

计算区 河西平原区 (I₁)		河西区		河东区			合计
		河漫滩河西区 (I₄)	河东月牙湖平原 (I₂)	河东临河平原 (I₃)	河漫滩河东区 (I₅)		
面积 (km²)		698.48	52.63	91.37	19.24	24.40	886.12
补给项 (亿 m³·a⁻¹)	降水入渗	0.145	0.011	0.020	0.005	0.005	0.186
	田渗	1.375	0.105	0.103	0.030	0.028	1.641
	渠渗	1.833		0.000			1.833
	侧向径流	0.0012		0.0020	0.0010	0.0062	0.0104
	合计	3.470	0.125	0.036	0.039		3.670
排泄项 (亿 m³·a⁻¹)	侧向径流	0.0030		0.0054	0.0132	0.0000	0.0216
	蒸发	1.977		0.175			2.153
	沟排	1.296		0.100			1.396

续表

计算区 河西平原区（I_1）		河西区		河东区		合计
		河漫滩 河西区 （I_4）	河东月 牙湖平原 （I_2）	河东临 河平原 （I_3）	河漫滩 河东区 （I_5）	
排泄项 （亿 $m^3 \cdot a^{-1}$）	人工 开采	0.130		0.000		0.130
	合计	3.406		0.294		3.700
均衡差		0.064		−0.094		−0.030

3.2.3 东部陶灵台地地下水补给量计算

在研究区东部陶灵台地采用补给项相加法计算天然状态下地下水的补给量，包括大气降水入渗补给量、沙漠凝结水和径流入渗补给量。

（1）大气降水入渗补给

大气降水入渗补给区的面积是从图上量的，降雨量采用陶乐、灵武气象站1991—2012年多年降水资料的平均值。大气降水入渗量采用下式计算：

$$Q_降 = 10^{-1} \cdot F \cdot A \cdot \alpha \cdot \gamma$$

式中各项参数意义同前。

东部陶灵台地大气降水入渗补给各项参数取值及计算结果见表3-10。

表 3-10 大气降水入渗补给量计算结果

计算区	计算面积（km²）	年降水量（mm）	有效降水量	入渗系数	入渗量（亿 m³·a⁻¹）
陶灵台地（Ⅱ）	401.88	174.81	0.55	0.25	0.097

（2）沙漠凝结水补给

研究区东部边界靠近毛乌素沙漠，黄河以东陶灵台地多为沙漠覆盖区，面积为401.88 km²。本次沙漠凝结水计算采用补给模数法计算，计算公式如下：

$$Q_{沙} = F \cdot M$$

式中：

$Q_{沙}$——沙漠凝结水补给量（亿 m³·a⁻¹）；

F——沙漠分布面积（km²）；

M——沙漠凝结水补给模数（亿 m³·a⁻¹·km²）。

沙漠凝结水补给模数采用《宁北盐渍化土壤改良水文地质勘察报告》资料。

沙漠凝结水补给量参数选取及计算结果见表3-11。

表 3-11 沙漠凝结水计算结果

计算区	沙漠面积（km²）	补给模数（亿 m³·a⁻¹·km²）	补给量（亿 m³·a⁻¹）
陶灵台地（Ⅱ）	401.88	4.55×10⁻⁴	0.183

（3）径流入渗补给

在东部陶灵台地区，洪水散失补给量采用径流模数法计算，由于洪水散失量最终为径流量，为避免重复计算，不再进行单独计算。

经调查了解，研究区东部陶灵台地长流水的沟谷只有冰沟和水洞沟两条沟，其汇水面积和径流模数根据《宁夏区（县）水资源详查报告》中参数取得。径流模数法采用下式计算：

$$Q_{径} = 3.1536 \times 10^4 \cdot M \cdot F$$

式中：

$Q_{径}$——地下水天然资源补给量（亿 $m^3 \cdot a^{-1}$）；

M——径流模数（$L \cdot s^{-1} \cdot km^2$）；

F——汇水面积（km^2）。

径流入渗补给量参数取值及计算结果见表3-12。

表3-12　径流入渗补给量计算结果

计算区	沟谷名称	汇水面积（km^2）	径流模数（$L \cdot s^{-1} \cdot km^2$）	补给量（亿 $m^3 \cdot a^{-1}$）
陶灵台地（Ⅱ）	冰沟	72.00	0.38	0.009
	水洞沟	180.00	0.38	0.022
合计				0.031

（4）东部陶灵台地补给

通过上述计算，研究区东部陶灵台地地下水补给资源量共计0.311亿 $m^3 \cdot a^{-1}$。

3.2.4 研究区地下水天然资源量

经计算，研究区内天然状态下，地下水补给资源量为3.981亿 $m^3 \cdot a^{-1}$，按计算分区及地下水水质分区，其分区结果见表3–13。

表3–13　地下水天然资源量计算结果（水质分区）

计算区		河西区		河东区			陶灵台地（Ⅱ）	合计
		河西平原区（I₁）	河漫滩河西区（I₄）	河东月牙湖平原区（I₂）	河东临河平原（I₃）	河漫滩河东区（I₅）		
面积（km²）		698.48	52.63	91.37	19.24	24.40	401.88	1288.00
天然资源总量（亿 $m^3 \cdot a^{-1}$）		3.354	0.116	0.125	0.036	0.039	0.311	3.981
TDS <1g/L	面积（km²）	341.76	38.23	39.58	0.00	0.00	0.00	419.57
	资源量（亿 $m^3 \cdot a^{-1}$）	1.641	0.084	0.054	0.000	0.000	0.000	1.779
TDS 1~<3g/L	面积（km²）	346.43	14.40	51.79	2.43	16.21	291.61	722.87
	资源量（亿 $m^3 \cdot a^{-1}$）	1.664	0.032	0.076	0.005	0.026	0.226	2.022
TDS 3~<6g/L	面积（km²）	10.29	0.00	0.00	12.77	7.74	110.27	141.07
	资源量（亿 $m^3 \cdot a^{-1}$）	0.049	0.000	0.000	0.024	0.012	0.085	0.171
TDS >6g/L	面积（km²）	0.00	0.00	0.00	4.04	0.45	0.00	4.49
	资源量（亿 $m^3 \cdot a^{-1}$）	0.000	0.000	0.000	0.008	0.001	0.000	0.008

3.3 地下水开采资源量计算

根据水文地质条件和评价原则，本次分别对潜水（包括单一潜水和上覆潜水）和承压水进行计算。

计算分区：本次潜水计算按地下水天然资源量计算分区进行；承压水只计算河西平原、河东月牙湖平原和河东临河平原。

3.3.1 潜水开采资源量计算

研究区内潜水主要包括上覆潜水和黄河河漫滩单一潜水，分布在研究区内广大的冲洪积和冲湖积平原区，地下水水位埋藏浅，补给量充沛，开采方便。目前开采该层地下水主要用于农业灌溉。

采用开采状态下的水均衡方程式计算其开采资源量。开采状态下的水均衡计算是以天然状态下的水均衡为基础，在天然补给量不变的情况下进行，潜水水位埋深控制在2 m，计算公式如下：

$$Q_\text{开} = W_\text{减} + Q_\text{排减} + V_\text{疏}$$

式中：

$Q_\text{开}$——地下水开采资源量（亿 $m^3 \cdot a^{-1}$）；

$W_\text{减}$——开采地下水时，因水位下降而袭夺蒸发量的减量（亿 $m^3 \cdot a^{-1}$）；

$Q_\text{排减}$——开采地下水时，水位下降而袭夺排水沟排泄量减量（亿 $m^3 \cdot a^{-1}$）；

$V_\text{疏}$——地下水水位下降至2 m时的疏干量（亿 $m^3 \cdot a^{-1}$）。

（1）蒸发量的减量

由于开采地下水，使地下水水位降至地面以下2 m，潜水蒸发量的减量等于天然状态下潜水蒸发量减去潜水水位降至地面2 m以下的蒸发量。

蒸发量减量参数选取及计算结果见表3-14。

表 3-14　蒸发量减量计算结果（水质分区）

计算区	潜水面积（km²）	潜水埋深（m）	蒸发度（mm）	蒸发量（亿 m·a⁻¹）	蒸发量减量（亿 m³·a⁻¹）
河西（I₁、I₄）	624.630	0~3		1.977	
	125.480	2.000	109.238	0.137	
	499.150	2.000	109.238	0.545	
小计					1.295
河东（I₂、I₃、I₅）	55.620	0~3		0.175	
	29.150	2.000	110.007	0.032	
	26.470	2.010	107.818	0.029	
小计					0.115
合计					1.410

（2）排水沟排泄地下水的减量

研究区内排水沟主要为干沟和支沟。主干沟开挖深度一般在地面以下3 m，天然状态下，排水沟既排地表水同时又排地下水。当开采地下水时，水位降至地面以下2 m，此时排水沟仍然具有排泄地下水能力，只不过排泄地下水的能力相对要降低，根据前人资料，排水能力降低20%，以此计算排水沟排泄地下水的减量。

经计算，第二排水沟排泄地下水的减量为0.051亿 $m^3 \cdot a^{-1}$，第四排水沟排泄地下水的减量为0.029亿 $m^3 \cdot a^{-1}$，四三支沟排泄地下水的减量为0.065亿 $m^3 \cdot a^{-1}$，银新干沟排泄地下水的减量为0.079亿 $m^3 \cdot a^{-1}$，银东干沟排泄地下水的减量为0.035亿 $m^3 \cdot a^{-1}$，河东排水系统排泄地下水的减量为0.019亿 $m^3 \cdot a^{-1}$。上述计算，排水沟排泄地下水的减量共计为0.278亿 $m^3 \cdot a^{-1}$。

（3）疏干量

计算研究区内地下水水位下降至2 m 时疏干量，采用下式计算：

$$Q_{疏}=F \cdot \triangle H \cdot \mu \cdot 10^{-2}$$

式中：

$Q_{疏}$——水位下降时的疏干量（亿 $m^3 \cdot a^{-1}$）；

F——计算区面积（ km^2 ）；

$\triangle H$——计算区水位平均下降值（m）；

μ——评价给水度。

疏干量参数取值及计算结果见表3–15。

表 3–15　疏干量计算结果

计算区	计算面积（ km^2 ）	疏干深度（m）	给水度	疏干量（亿 $m^3 \cdot a^{-1}$ ）
河西区（ I_1 、 I_4 ）	125.480	1.390	0.074	0.129
	499.150	0.480	0.074	0.177
河东区（ I_2 、 I_3 、 I_5 ）	29.150	1.140	0.058	0.019
合计				0.326

（4）计算结果

经过上述计算，潜水开采资源量为2.014亿 $m^3 \cdot a^{-1}$。计算结果按水质分区见表3-16。

表3-16　潜水开采资源量计算结果

计算区		河西区（I_1、I_4）	河东区（I_2、I_3、I_5）	合计
面积（km^2）		751.110	135.010	886.12
开采资源总量（亿 $m^3 \cdot a^{-1}$）		1.861	0.153	2.014
TDS：<1g/L	面积（km^2）	379.990	39.580	419.570
	资源量（亿 $m^3 \cdot a^{-1}$）	0.941	0.045	0.986
TDS：1~<3g/L	面积（km^2）	360.830	70.430	431.26
	资源量（亿 $m^3 \cdot a^{-1}$）	0.894	0.080	0.974
TDS：3~<6g/L	面积（km^2）	10.290	20.510	30.08
	资源量（亿 $m^3 \cdot a^{-1}$）	0.025	0.023	0.049
TDS：>6g/L	面积（km^2）	0.000	4.490	4.490
	资源量（亿 $m^3 \cdot a^{-1}$）		0.005	0.005

3.3.2　第Ⅱ含水岩组开采资源量

研究区内黄河冲洪积、冲湖积平原分布范围广，平原内沉积了巨厚的松散沉积物，利于地下水的聚集，成为良好的储水场所。研究区东部第三系隆起，导致承压水含水岩组尖灭，含水层呈现出西厚东薄的趋势。

在天然状态下承压水的补给，来源于平原周边的地下水侧向径流补给及潜水垂直越流补给；承压水排泄途径主要为侧向流出和垂向上越流排泄。承压水含水岩组以储存资源为其特征，在开采条件下，水动力条件改变，同时改变了天然条件的平衡，由于地下水开采，地下水位大幅度下降，形成水位降落漏斗，则产生了开采条件下的地下水激发补给量。在激发补给量中，以越流补给量为主，其次为弹性释水量。

第Ⅱ含水岩组开采资源量计算，是根据本地区水文地质条件，以水位下降10 m（水位降深不超过第Ⅱ含水岩组顶板埋深），采用开采条件下水均衡法、平均布井法计算其开采资源量。

（1）开采条件下的水均衡

根据水均衡原理，将未来的开采量作为地下水消耗的排泄量考虑，开采条件下水均衡方程式如下：

$$Q_{开} = （Q_{侧入} - Q_{侧出}）+ Q_{越} + Q_{弹}$$

式中：

$Q_{开}$——开采条件下的补给量之和（亿 $m^3 \cdot a^{-1}$）；

$Q_{侧入}$——侧向流入计算区的水量（亿 $m^3 \cdot a^{-1}$）；

$Q_{侧出}$——侧向流出计算区的水量（亿 $m^3 \cdot a^{-1}$）；

$Q_{越}$——含水岩组越流补给量（亿 $m^3 \cdot a^{-1}$）；

$Q_{弹}$——含水岩组弹性释水量（亿 $m^3 \cdot a^{-1}$）。

在开采条件下，第Ⅱ含水岩组的补给量主要包括：侧向径流补给量、第Ⅰ含水岩组的越流补给量和第Ⅱ含水岩组的弹性释水量。

①侧向量计算

侧向量主要为开采状态下的侧向流入量和侧向流出量，根据

水文地质条件与第 Ⅱ 含水岩组地下水等水压线图，确定侧向流入与流出边界。由于区域地下水同时开采，地下水水力梯度基本保持不变，开采状态下的水力梯度仍采用天然状态下的水力梯度，侧向流入量与侧向流出量采用达西定律计算，其计算公式如下：

$$Q_{侧}=K \cdot H \cdot L \cdot I$$

式中各项参数意义同前。

侧向径流补给、排泄参数取值及计算结果见表3-17和表3-18。

表 3-17　地下水侧向径流补给计算结果

计算区	断面编号	控制点	渗透系数（m/d）	含水层厚度（m）	水力梯度	含水层宽度（km）	补给量（亿m³/a）
河西平原区（I₁）	Q–Q′	银 137	5.00	82.65	0.000382	16.48	0.00882
		银 172	5.12	51.75			
		新 274	4.25	81.40			
		青 055	5.54	92.69			
河东临河平原区（I₃）	R–R′	青 056	1.28	45.06	0.000372	4.91	0.00038
河东月牙湖平原区（I₂）	M–M′	Y01	1.01	62.12	0.008097	15.46	0.03433
		Y04	2.02	56.74			
		B03	0.64	66.30			
		B04	1.47	48.75			
合计							0.044

表 3-18 地下水侧向径流排泄计算结果

计算区	断面编号	控制点	渗透系数（m/d）	含水层厚度（m）	水力梯度	含水层宽度（km）	补给量（亿 m³/a）
河西平原区（I₁）	L-L′	L26	1.94	108.70	0.000548	8.69	0.00271
		杭001	1.53	71.07			
河东月牙湖平原（I₂）	O-O′	Y02	2.20	78.02	0.005980	4.15	0.01753
		Y03	3.13	67.24			
合计							0.020

②越流补给量

黄河平原多层结构区上覆第Ⅰ含水岩组是第Ⅱ含水岩组的主要补给来源。在开采条件下，地下水水位下降，形成降落漏斗，第Ⅰ含水岩组与第Ⅱ含水岩组水力梯度增大，在重力作用下，通过越流的方式补给第Ⅱ含水岩组，越流补给采用下式计算：

$$Q_{越} = F \cdot \frac{K'}{m'} \cdot \triangle H \cdot 10^{-2}$$

式中：

$Q_{越}$——越流补给量（亿 $m^3 \cdot a^{-1}$）；

F——计算区面积（km^2）；

K'——第Ⅱ含水岩组隔水顶板垂向渗透系数（m/d）；

m'——隔水顶板平均厚度（m）；

$\triangle H$——第Ⅰ、Ⅱ含水岩组的水头差（m）。

本次越流补给量只对河西平原区和河东临河平原区进行计算，

越流补给量参数取值及计算结果见表3-19。

表3-19 越流补给量计算结果

计算区	面积（km²）	渗透系数（m/d）	隔水顶板厚度（m）	水头差（m）	越流量（亿 m³/a）
河西平原区（I_1）	698.480	0.000997	5.102	3.000	1.495
河东临河平原（I_3）	19.24	0.001100	12.10	3.000	0.019
合计	717.72				1.514

③弹性释水量

在开采条件下，承压水含水岩组水位下降，含水层的弹性压力减小造成水的弹性膨胀，从含水层中释放出弹性释水量。弹性释水量取决于水位降低程度、开采时间长短及含水层弹性释水系数，采用下式计算：

$$Q_弹 = \frac{F \cdot S \cdot S^*}{t} \cdot 10^{-2}$$

式中：

$Q_弹$——弹性释水量（亿 m³·a⁻¹）；

F——计算面积（km²）；

S——水位下降值（m）；

S^*——弹性释水系数。

本次弹性释水量对黄河河西平原、河东月牙湖平原及河东临河平原进行计算，弹性释水量参数选取及计算结果见表3-20。

表 3-20　第 II 含水岩组弹性释水量计算结果

计算区	面积（km²）	释水系数	水位下降（m）	开采时间（a）	释水量（亿 m³/a）
河西平原区（I₁）	698.48	0.000898	10.00	20.00	0.00314
河东临河平原区（I₃）	19.24	0.000335	10.00	20.00	0.00003
河东月牙湖平原区（I₂）	91.70	0.000940	10.00	20.00	0.00043
合计	809.42				0.00360

通过上述综合计算，计算结果见表3-21。

表 3-21　第 II 含水岩组开采资源量计算结果

计算区	面积（km²）	侧向流入量（亿 m³/a）	侧向流出量（亿 m³/a）	越流量（亿 m³/a）	释水量（亿 m³/a）	开采量（亿 m³/a）
河西平原区（I₁）	698.48	0.00882		1.495	0.00314	1.504
河东临河平原区（I₃）	19.24	0.00038	0.020	0.019	0.00003	0.019
河东月牙湖平原区（I₂）	91.70	0.03433			0.00043	0.019
合计	809.42	0.044	0.020	1.514	0.00360	1.542

（2）平均布井法

以计算区为基础，用统一305mm口径、降深10m时的平均单井涌水量作为平均布井的单井涌水量，影响半径采用本次非稳定流抽水试验计算值，因考虑长期开采，以影响半径的2.5倍作为平均布井间距，按下列公式计算：

$$Q_{\text{开}} = \frac{F \cdot Q}{4R^2} 10^2$$

式中：

$Q_{\text{开}}$——开采资源量（亿 $m^3 \cdot a^{-1}$）；

F——计算区面积（km^2）；

Q——单井涌水量（m^3/d）（统一305 mm 口径、降深10 m）；

R——布井距离（m）。

平均布井法计算资源量参数取值及计算结果见表3-22。

表3-22 平均布井法计算结果

计算区	面积（km^2）	单井涌水量（m^3/d）	布井间距（m）	开采量（亿 m^3/a）
河西平原区（I_1）	698.48	2500.00	1000.00	1.493
河东临河平原区（I_3）	19.24	1500.00	1200.00	0.018
河东月牙湖平原区（I_2）	91.70	1000.00	2000.00	0.021
合计	809.42			1.532

经计算，开采条件下水均衡法计算结果为1.542亿 $m^3 \cdot a^{-1}$，平均布井法计算结果为1.532亿 $m^3 \cdot a^{-1}$。从上述第Ⅱ含水岩组开采资源量计算结果看，两种方法计算结果接近，因此选用开采条件下

水均衡法计算结果作为第Ⅱ含水岩组的开采资源量。

第Ⅱ含水岩组开采资源量计算结果见表3-23。

表 3-23　第Ⅱ含水岩组开采资源量计算结果

单位：km^2、亿 m^3·a^{-1}

计算区	面积	TDS<1		1<TDS<3		3<TDS<6		TDS>6		开采资源量
		面积	资源量	面积	资源量	面积	资源量	面积	资源量	
河西平原区（I$_1$）	698.48	347.45	0.749	300.36	0.646	32.45	0.070	18.22	0.039	1.504
河东临河平原区（I$_3$）	19.24			4.35	0.005	7.36	0.007	7.53	0.007	0.019
河东月牙湖平原区（I$_2$）	91.70	81.24	0.017	7.13	0.002	3.33	0.001			0.019
合计	809.42	428.69	0.766	311.84	0.653	43.14	0.078	25.75	0.05	1.542

3.3.3　第Ⅲ含水岩组开采资源量计算

第Ⅲ含水岩组以弹性释水量作为其开采资源量，采用下式计算：

$$Q_{开} = Q_{弹} = \frac{F \cdot S \cdot S^*}{t} \cdot 10^{-2}$$

式中：

$Q_{开}$——含水岩组的弹性释水量（亿 m^3·a^{-1}）；

其他各项符号意义同前。

第Ⅲ含水岩组弹性释水量只计算黄河河西平原区和河东临河

平原区，计算区的面积是从1：10万地形图上获得，水位下降值取 10 m，评价开采期为20年，弹性释水系数为研究区已有水源地第 Ⅲ含水岩组非稳定流抽水试验计算所得。参数取值及计算结果见表3-24。

表 3-24　第Ⅲ含水岩组开采资源量计算结果

计算区	面积（km²）	释水系数	水位下降（m）	开采时间（a）	释水量（亿 m³/a）
河西平原区（I₁）	698.48	0.000468	10.00	20.00	0.00163
河东临河平原区（I₃）	19.24	0.000468	10.00	20.00	0.00005
合计	717.72				0.00168

3.4　地下水资源评价

3.4.1　潜水（第Ⅰ含水岩组）资源评价

地下水均衡计算结果表明：在本次研究区范围均衡区内潜水总补给量为3.670亿 $m^3 \cdot a^{-1}$，总排泄量为3.700亿 $m^3 \cdot a^{-1}$，补排差 -0.030亿 $m^3 \cdot a^{-1}$，为微弱负均衡，地下水基本处于平衡状态。其中补给项中，渠系渗入补给量为1.833亿 $m^3 \cdot a^{-1}$，占总补给量的49.95%；田间灌溉渗入补给量为1.641亿 $m^3 \cdot a^{-1}$，占总补给量的44.71%；降水渗入补给量为0.186亿 $m^3 \cdot a^{-1}$，占总补给量的5.07%；侧向径流补给量为0.0104亿 $m^3 \cdot a^{-1}$，仅占总补给量的0.27%。在补给项中，渠系渗入与田间灌溉渗入占主导地位，这两项补给量为3.474亿 $m^3 \cdot a^{-1}$，占总补给量的94.66%。大气降水与侧向径流补给量为0.1964亿 $m^3 \cdot a^{-1}$，占总补给量的5.34%。

排泄量中蒸发量为2.153亿 $m^3 \cdot a^{-1}$，占总排泄量的58.19%；排水沟排泄量为1.396亿 $m^3 \cdot a^{-1}$，占总排泄量的37.73%；侧向排泄量为0.0216亿 $m^3 \cdot a^{-1}$，占总排泄量的0.57%；开采量为0.130亿 $m^3 \cdot a^{-1}$，占总排泄量的3.51%。在排泄量中，蒸发排泄量和排水沟排泄量为3.549亿 $m^3 \cdot a^{-1}$，占总排泄量的95.92%，为潜水的主要排泄途径。侧向排泄量和人工开采量很小，占总排泄量的4.08%。

研究区内黄河河西区，包括多层结构区上覆潜水和黄河河漫滩单一潜水，在均衡期内，地下水总补给量为3.470亿 $m^3 \cdot a^{-1}$，地下水总排泄量为3.406亿 $m^3 \cdot a^{-1}$，均衡差为 +0.063亿 $m^3 \cdot a^{-1}$，呈现出微弱的正均衡。其中，渠系入渗补给量为1.833亿 $m^3 \cdot a^{-1}$，占总补给量的52.82%；田间入渗补给量为1.480亿 $m^3 \cdot a^{-1}$，占总补给量的42.65%；降水入渗补给量为0.156亿 $m^3 \cdot a^{-1}$，占总补给量的4.50%；侧向补给量为0.0012亿 $m^3 \cdot a^{-1}$，比较小。其中，渠系入渗补给量和田间入渗补给量为3.313亿 $m^3 \cdot a^{-1}$，占总补给量的95.48%，为主要的补给量。降水入渗补给量和侧向径流补给量为0.1572亿 $m^3 \cdot a^{-1}$，占有量比较小。排泄量中蒸发排泄量为1.977亿 $m^3 \cdot a^{-1}$，占总排泄量的58.04%；排水沟排泄量为1.296亿 $m^3 \cdot a^{-1}$，占总排泄量的38.05%；其余为侧向径流排泄和人工开采量，该两项排泄量比较小。

研究区内黄河河东区，包括河东月牙湖平原区上覆潜水、河东临河平原上的潜水和河漫滩河东区单一潜水，在均衡期内，地下水总补给量为0.200亿 $m^3 \cdot a^{-1}$，地下水总排泄量为0.294亿 $m^3 \cdot a^{-1}$，均衡差为 –0.094亿 $m^3 \cdot a^{-1}$，为微弱的负均衡。其中，田间入渗补给量为0.161亿 $m^3 \cdot a^{-1}$，占总补给量的80.50%；侧向径流补给量为0.0092

亿 m³·a⁻¹，占总补给量的4.60%；降水入渗补给量为0.03亿 m³·a⁻¹，占总补给量的15%。从地下水补给量看，河东地区田间入渗补给量和大气降水入渗补给量为0.191亿 m³·a⁻¹，占总补给量的95.5%。降水入渗量比较小。排泄量主要为蒸发排泄，蒸发排泄量为0.175亿 m³·a⁻¹，占总排泄量的59.52%，其次为排水沟排泄和侧向径流排泄。

研究区东部陶灵台地采用补给项相加法计算地下水天然补给资源量，主要补给项有大气降水入渗、沙漠凝结水入渗和径流入渗，补给资源量为0.311亿 m³·a⁻¹。

研究区范围内地下水天然补给总量为3.981亿 m³·a⁻¹。其中，地下水溶解性总固体含量小于1 g/L 的资源量为1.779亿 m³·a⁻¹，占补给资源量的44.69%；地下水溶解性总固体含量为1~3 g/L 的资源量为2.022亿 m³·a⁻¹，占补给资源量的50.79%；地下水溶解性总固体含量为3~6 g/L 资源量为0.171亿 m³·a⁻¹，占补给资源总量的4.30%；地下水溶解性总固体含量大于6 g/L 的资源量为0.008亿 m³·a⁻¹，仅占补给资源总量的0.23%。不同水质的天然资源补给量占补给总量的百分比见图3-4。

潜水（第 I 含水岩组）开采资源量为2.014亿 m³·a⁻¹。其中，黄河以西平原区开采资源量为1.861亿 m³·a⁻¹，占开采资源量的92.4%，为总补给资源量的46.75%；黄河以东平原区开采资源量为0.153亿 m³·a⁻¹，占开采资源量的7.6%，为总补给资源量的3.84%，可开采资源量小于天然补给资源量，计算的开采资源量是有保证的。

开采资源量地下水溶解性总固体含量小于1 g/L 的开采资源量

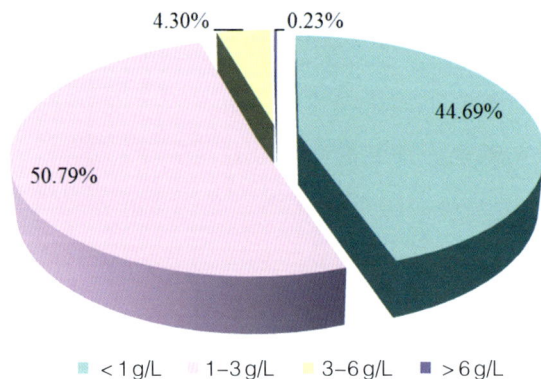

图3-4　地下水天然资源量溶解性总固体含量百分比示意（来源：作者自绘）

为0.986亿 $m^3 \cdot a^{-1}$，占可开采资源量的48.96%；地下水溶解性总固体含量为1~3 g/L 的开采资源量为0.974亿 $m^3 \cdot a^{-1}$，占开采资源量的48.36%；地下水溶解性总固体含量为3~6 g/L 的开采资源量为0.049亿 $m^3 \cdot a^{-1}$，占开采资源量的2.43%；地下水溶解性总固体含量大于6 g/L 的开采资源量为0.005亿 $m^3 \cdot a^{-1}$，占开采资源量的比例较小。

3.4.2 承压水资源评价

第Ⅱ含水岩组地下水区域水位下降10 m，评价开采期20年时，经计算各项补给量之和为1.542亿 $m^3 \cdot a^{-1}$。其中，侧向径流入渗补给量为0.024亿 $m^3 \cdot a^{-1}$，占总补给量的1.56%；越流补给量为1.514亿 $m^3 \cdot a^{-1}$，占总补给量的98.18%；弹性释水量为0.0036亿 $m^3 \cdot a^{-1}$，占总补给量的0.26%。

应用稳定流平均布井法，第Ⅱ含水岩组开采资源量计算结果为1.532亿 $m^3 \cdot a^{-1}$，计算结果小于开采条件下的补给资源量，计算开采量是有保证的。

第Ⅲ含水岩组与第Ⅱ含水岩组之间隔水层连续性差，水力联系密切，越流补给是其主要的补给来源。由于本次调查所得第Ⅲ含水岩组资料有限，前人在该区内第Ⅲ含水岩组所得的成果资料也不多，因此本次以弹性储存量为其可开采资源量，计算结果为0.00168亿 $m^3 \cdot a^{-1}$。

通过上述计算结果分析、对比，选择开采条件下水均衡法计算结果1.542亿 $m^3 \cdot a^{-1}$作为第Ⅱ含水岩组的开采资源量。

第Ⅱ含水岩组在开采条件下，主要的补给来源于第Ⅰ含水岩组的越流补给，这部分的补给量占潜水可开采资源量的71.08%，说明承压水的开采资源量是有保证的。

第Ⅱ含水岩组开采资源量按水质分级，地下水溶解性总固体含量小于1g/L的开采资源量为0.766亿 $m^3 \cdot a^{-1}$，占开采资源总量的49.68%；地下水溶解性总固体含量为1~3 g/L的开采资源量为0.653亿 $m^3 \cdot a^{-1}$，占开采资源量的42.35%；地下水溶解性总固体含量为3~6 g/L的开采资源量为0.078亿 $m^3 \cdot a^{-1}$，占开采资源量的5.06%；地下水溶解性总固体含量大于6g/L的开采资源量为0.050亿 $m^3 \cdot a^{-1}$，占开采资源量的2.91%。第Ⅱ含水岩组不同水质含量百分比见图3-5。

3.5 地下水水质评价

地下水水质评价，从生活用水、一般锅炉用水和农田灌溉用水等方面进行评价。其中生活用水、一般锅炉用水分别对第Ⅰ、Ⅱ、Ⅲ含水岩组进行评价，农田灌溉用水只对潜水（第Ⅰ）含水岩组进行评价。

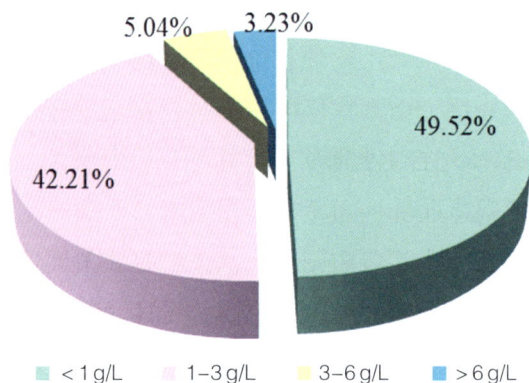

图3-5　第Ⅱ含水岩组开采资源量水质百分比（来源：作者自绘）

3.5.1　生活用水水质评价

（1）评价因子和方法

水质评价选用色度、浑浊度、pH 值、总硬度、溶解性总固体、硫酸盐、氯化物、铁、锰、铜、锌、挥发性酚类、硝酸盐、亚硝酸盐、氨氮、氟化物、氰化物、汞、砷、镉、铬、铅等22项作为评价因子，以本次勘探所取得的水质资料为基础，结合研究区内前人水质资料综合评价。

评价方法依据中华人民共和国《地下水质量标准》（GB/T14848—93）进行，水质评价采用综合指数法。

综合评价分值 F，按下式计算：

$$Q_{\text{开}} = \sqrt{\frac{\overline{F}^2 \cdot F_{\max}^2}{2}} \qquad \overline{F}^2 = \frac{1}{n}\sum_{i=1}^{n} F_i$$

式中：

$\overline{F}^2$——单项组分评价值的平均值；

F^2_{max}——单项组分评价分值中的最大值；

n——项目数。

单项组分评价值按下式计算：

$$F_i = \frac{F_x}{F_b}$$

式中：

F_i——评价某因子实测值。

根据水质单项因子对照表3-25评价水质综合指数 F 值，根据水质综合指数 F 值，按照表3-26划分地下水水质级别。

表 3-25 单项组分评价分值对照

类别	I	II	III	IV	V
Fi	0	1	3	6	10

表 3-26 地下水水质级别

级别	优良水	良好水	较好水	较差水	极差水
F	< 0.8	0.8~ < 2.5	2.5~ < 4.25	4.25~ < 7.2	>7.2

地下水质量评价：根据水质级别和地下水中溶解性总固体含量、氟化物含量综合评价（表3-27）。

表 3-27　地下水质量综合评价分级

地下水质量综合评价分级		地下水质分级	溶解性总固体（g/L）	氟化物（mg/L）
Ⅰ级	可供饮用的地下水	优良水	< 1	< 1
		良好水		
Ⅱ级	适当处理可供饮用的地下水	较好水	1 — 2	
Ⅲ级	可供工农业利用的地下水	较差水	2 — 3	> 1 或 < 1
Ⅳ级	不可直接利用的地下水	极差水	> 3	

（2）生活用水水质评价结果

①第Ⅰ含水岩组

根据地下水质量级别，结合地下水溶解性总固体含量、氟化物含量综合评价，研究区内第Ⅰ含水岩组可分为四个级别，地下水质量评价见图3-6。

Ⅰ级：可供饮用的地下水

可供饮用的地下水主要分布在研究区西南永宁县—吴家庄一带及研究区河西平原的中部掌政—金贵—立岗一线带状区域内，地下水径流快，水质好，地下水溶解性总固体含量小于1 g/L，氟化物含量小于1 g/L，地下水水质级别小于2.5，为良好地下水。

Ⅱ级：适当处理后可供饮用的地下水

适当处理后可供饮用的地下水分布在研究区内河西平原的大部分地区。这类水一般化学指标超出生活饮用水标准，其中包括氯化物、总硬度、铁离子和锰离子。地下水级别为2.5~4.24，为较好地下水，做适当处理后可供饮用。

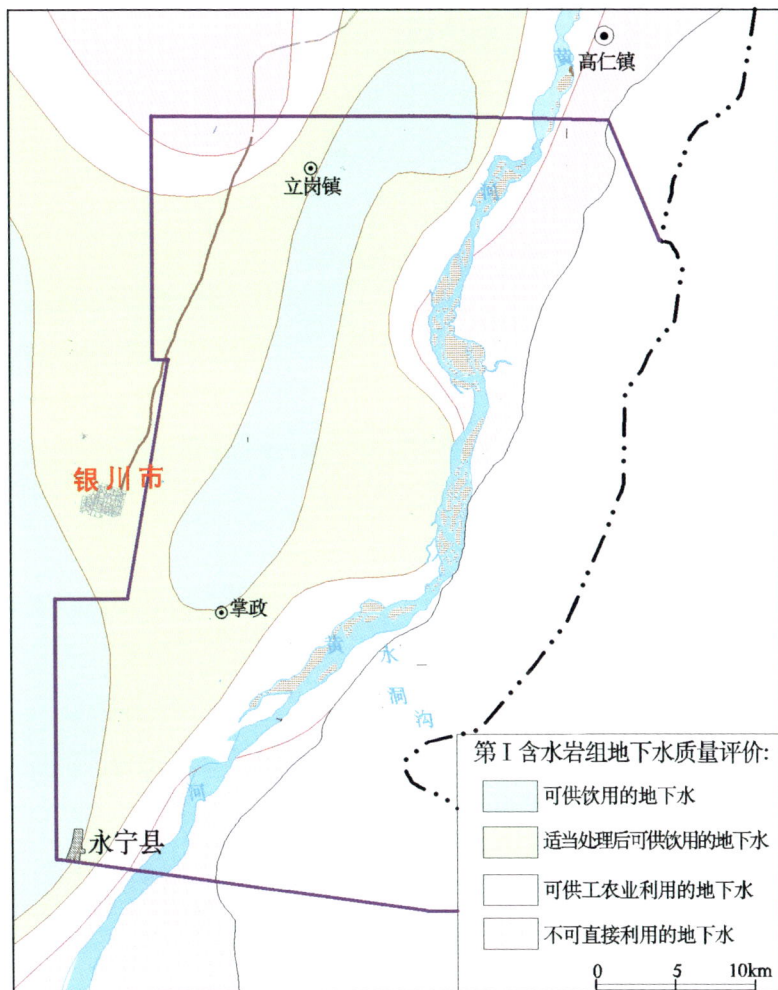

图3-6　第Ⅰ含水岩组地下水质量分区（来源：作者自绘）

Ⅲ级：可供工农业利用的地下水

可供工农业利用的地下水主要分布在永南—通伏—月牙湖一带，近南北带状沿黄河两岸分布。这类水一般化学指标超标，其中包括总硬度、硫酸盐、氯化物和氟化物等。地下水质量级别为4.25~7.2，为较差地下水，可供工农业利用。

Ⅳ级：不可直接利用的地下水

不可直接利用的地下水在研究区范围内分布面积较小，主要分布在研究区东南临河一带及研究区东部月牙湖一带。这类水一般化学指标超标，其中包括地下水溶解性总固体含量、总硬度、硫酸盐、氯化物和铁离子等。地下水质量级别大于7.2，为极差地下水，不可直接利用。

②第Ⅱ含水岩组

根据地下水质量级别，结合地下水溶解性总固体含量、氟化物含量综合评价，研究区内第Ⅱ含水岩组可分为四个级别，地下水质量评价见图3-7。

Ⅰ级：可供饮用的地下水

可供饮用的地下水主要分布在研究区内河西平原的中部掌政—立岗一带南北带状区域内，地下水溶解性总固体含量小于1 g/L，氟化物含量小于1 g/L，地下水质量级别小于2.5，为良好地下水，可供饮用。

Ⅱ级：适当处理后可供饮用的地下水

适当处理后可供饮用的地下水分布在研究区大部分地方，研究区内河西平原分布在平原区中部，黄河以东分布在月牙湖地区。这类水一般化学指标超标，主要包括总硬度、氯化物、氨氮、铁

图3-7　第Ⅱ含水岩组地下水质量分区（来源：作者自绘）

离子及锰离子等。在黄河以东月牙湖地区主要为氟化物超标，除此之外，在部分控制点地下水溶解性总固体含量超标。地下水质量级别为2.5~4.24，为较好地下水，做适当处理后可供饮用。

Ⅲ级：可供工农业利用的地下水

可供工农业利用的地下水主要分布在研究区河西平原的东部永南—通伏一带南北带状区域及研究区西北部塔桥—习岗一带。这类水一般化学指标超标，其中包括总硬度、硫酸盐、氯化物、铁离子、锰离子及地下水溶解性总固体含量。地下水质量级别为4.25~7.2，为较差地下水，可供工农业利用。

Ⅳ级：不可直接利用的地下水

不可直接利用的地下水在研究区内分布范围小，仅分布在研究区的东南部永南、临河一带。这类水一般化学指标超标，包括硫酸盐、氯化物、铁离子及溶解性总固体含量。地下水质量级别大于7.2，为极差地下水，不可直接利用。

③第Ⅲ含水岩组

本次调查第Ⅲ含水岩组资料较少，结合前人资料，根据地下水质量级别，采用地下水溶解性总固体含量、氟化物含量综合评价，研究区内第Ⅲ含水岩组可分为四个级别，地下水质量评价见图3-8。

Ⅰ级：可供饮用的地下水

可供饮用的地下水仅分布在研究区内西南吴家庄以南区域，地下水溶解性总固体含量小于1g/L，氟化物含量小于1g/L，地下水质量级别小于2.5，为良好地下水，可供饮用。

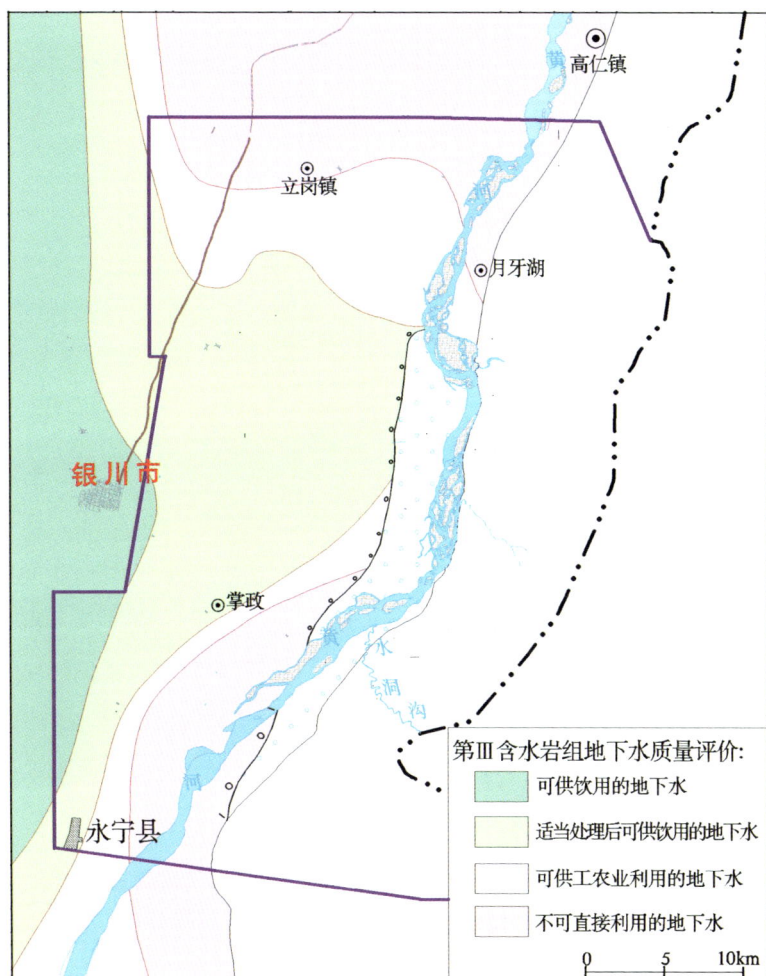

图3-8 第Ⅲ含水岩组地下水质量分区（来源：作者自绘）

Ⅱ级：适当处理后可供饮用的地下水

适当处理后可供饮用的地下水分布在研究区河西平原的大部分地方。这类水一般化学指标超标，其中包括总硬度、硫酸盐、氯化物、铁离子、锰离子和氨氮等。地下水质量级别为2.5~4.24，为较好地下水，适当处理后可供饮用。

Ⅲ级：可供工农业利用的地下水

可供工农业利用的地下水主要分布在研究区河西平原的立岗—通伏一带及通南—永宁一带。这类水一般化学指标超标，其中包括溶解性总固体、总硬度、硫酸盐、氯化物、铁离子和氨氮等，个别点氟化物超标。地下水质量级别为4.25~7.2，为较差地下水，可供工农业利用。

Ⅳ级：不可直接利用的地下水

不可直接利用的地下水主要分布在研究区北部长信—立岗—月牙湖一线以北及研究区东南部永南—临河一带。这类水一般化学指标超标，包括溶解性总固体、总硬度、硫酸盐、氯化物、铁离子、锰离子和氨氮等。地下水质量级别大于7.2，为极差地下水，不能直接利用。

3.5.2 锅炉用水水质评价

根据一般锅炉用水水质评价指标，从地下水的成垢作用、起泡作用及腐蚀作用对研究区的地下水进行评价。

（1）锅炉用水评价指标及方法

一般锅炉用水水质评价指标见表3-28。

表 3-28　一般锅炉用水水质评价指标

成垢作用				起泡作用		腐蚀作用	
锅垢总量（Ho）		硬垢系数（Kn）		按起泡系数（F）		按腐蚀系数（Kk）	
指标	水质类型	指标	水质类型	指标	水质类型	指标	水质类型
<125	锅垢很少的水	<0.25	软垢质的水	<60	不起泡的水	>0	腐蚀性水
125~250	锅垢少的水	0.25~0.5	软—硬垢质的水	60~200	半起泡的水	<0 但 $Kk+0.0503Ca^{2+}$ >0	半腐蚀性水
250~500	锅垢多的水		硬垢质的水		起泡的水	<0 但 $Kk+0.0503Ca^{2+}$ <0	非腐蚀性水
>500	锅垢很多的水	>0.5		>200			

①成垢作用

通过水垢系数 $K_n = \dfrac{H_n}{H_o}$ 值的计算，对生产沉淀物性质进行分类后予以量化和评价。

计算公式如下：

$$H_o = S + C + 36rFe^{2+} + 17rAL^{3+} + 20rMg^{2+} + 59rCa^{2+}$$

$$H_n = SiO_2 + 20rMg^{2+} + 68\left(rCL^- + rSO_4^{2-} - rNa^+ - rK^+\right)$$

$$K_n = \frac{H_n}{H_o}$$

式中：

　　K_n——硬垢系数；

　　H_o——锅垢总重量（mg/L）；

H_n——硬垢重量（mg/L）；

S——水中悬浮物含量（mg/L）；

C——水中胶体含量（mg/L）；

SiO_2——二氧化硅含量（mg/L）；

rFe^{2+}、rAL^{3+}、rMg^{2+}……各种离子的物质的量浓度（mol/L）。

②起泡作用

$$F=62rNa^+ + 78rK^+$$

式中：

F——起泡系数。

其他各项符号意义同前。

③腐蚀作用

水的腐蚀作用按腐蚀系数（K_k）进行定量评价。

对酸性水：

$$K_k=1.008（rH^+ + rAL^{3+} + rFe^{2+} + rMg^{2+} - rCO_3^{2-} - rHCO_3^-）$$

对碱性水：

$$K_k=1.008（rMg^{2+} - rHCO_3^-）$$

其他各项符号意义同前。

（2）锅炉用水水质评价

根据上述一般锅炉用水水质标准，对研究区内地下水进行水质类型分层评价。

①第Ⅰ含水岩组

根据上述各式，对研究区内第Ⅰ含水岩组地下水锅垢总量、硬垢系数、起泡作用及腐蚀作用进行综合评价，经评价研究区内一般锅炉用水分为三个级别（表3-29、图3-9）。

I₁区：基本适合锅炉用水

第 I 含水岩组基本适合锅炉用水的区域分布在研究区内河西平原掌政—塔桥—金贵—立岗一带，呈南北带状分布，地下水主要为垢质少或多、软硬垢质、半起泡或者起泡、非腐蚀性水。

I₂区：不太适合锅炉用水

不太适合锅炉用水的地下水主要分布在研究区河西平原的大部分地区以及河东的横城一带，地下水主要为垢质多、硬垢质、起泡、非腐蚀性水。

表 3-29　第 I 含水岩组一般锅炉用水水质评价

分区	项目	锅炉总量（H_0）	硬垢系数（Kn）	起泡作用（F）	腐蚀作用（K_K）	水质类型	水质评价
I₁	区间	141.4~488.6	−1.42~0.551	109.4~1651.9	−6.44~−1.67	锅垢少或多、软硬垢质、不起泡或半起泡、非腐蚀性水	基本适合锅炉用水
	均值	324.7	0.226	470.49	−3.48		
I₂	区间	220.1~698.7	0.54~1.78	116.1~2441.6	−3.96~3.78	锅垢多、硬垢质、起泡、非腐蚀性水	不太适合锅炉用水
	均值	478.94	0.85	699.40	−1.37		

续表

分区	项目	锅炉总量（H_0）	硬垢系数（Kn）	起泡作用（F）	腐蚀作用（K_K）	水质类型	水质评价
I_3	区间	501.5~5240.3	0.70~6.43	213.3~3402.7	−2.89~58.97	锅垢多或很多、硬垢质、起泡、腐蚀性水	不适合锅炉用水
	均值	1170.37	1.99	1316.60	12.24		

I_3区：不适合锅炉用水

不适合锅炉用水的地下水分布在研究区内河西平原的八里桥以北区域、通伏东部及永宁县附近和黄河以东的月牙湖及临河附近。地下水主要为垢质多或很多、硬垢质、起泡、腐蚀性水。

②第Ⅱ含水岩组

根据一般锅炉用水指标，对研究区内第Ⅱ含水岩组地下水锅垢总量、硬垢系数、起泡作用及腐蚀作用进行综合评价，经评价研究区内一般锅炉用水分为三个级别，评价结果见表3-30。

Ⅱ₁区：基本适合锅炉用水

基本适合锅炉用水的地下水分布在研究区内河西平原永宁—塔桥—金贵一带及立岗以南的区域。地下水为垢质少或多、软硬垢质、不起泡或半起泡、非腐蚀性水。

Ⅱ₂区：不太适合锅炉用水

不太适合锅炉用水的地下水分布在研究区内河西平原的立岗—通伏一带、通贵—通南—永南一带以及吴家庄以南的区域和河东月牙湖一带。地下水主要为垢质多、硬垢质、起泡、非腐蚀性水。

图3-9　第Ⅰ含水岩组锅炉用水水质分区（来源：作者自绘）

表 3-30　第Ⅱ含水岩组一般锅炉用水水质评价

分区	项目	锅炉总量（Ho）	硬垢系数（Kn）	起泡作用（F）	腐蚀作用（K_K）	水质类型	水质评价
Ⅱ₁	区间	50.5~376.24	−6.59~0.482	79.1~984.9	−9.31~−1.05	锅垢少或多、软硬垢质、不起泡或半起泡、非腐蚀性水	基本适合锅炉用水
	均值	189.15	−0.658	347.36	−3.57		
Ⅱ₂	区间	222.9~692.6	0.52~2.07	167.2~2212.1	−4.27~1.36	锅垢多、硬垢质、起泡、非腐蚀性水	不太适合锅炉用水
	均值	498.09	0.84	696.2	−1.29		
Ⅱ₃	区间	532.9~1423.9	0.17~4.87	211.4~6336.7	0.31~23.61	锅垢多或很多、硬垢质、起泡、腐蚀性水	不适合锅炉用水
	均值	813.02	2.19	2152.65	10.09		

Ⅱ₃区：不适合锅炉用水

不适合锅炉用水的地下水分布在研究区内河西平原习岗—通伏一带和河东的临河一带。地下水主要为垢质多或很多、硬垢质、起泡、腐蚀性水。

③第Ⅲ含水岩组

根据一般锅炉用水指标，对研究区内第Ⅲ含水岩组地下水锅垢总量、硬垢系数、起泡作用及腐蚀作用进行综合评价，经评价研究区内一般锅炉用水分为三个级别，评价结果见表3-31。

表3-31 第Ⅲ含水岩组一般锅炉用水水质评价

项目 分区		锅炉总量 （H_0）	硬垢系数 （Kn）	起泡作用 （F）	腐蚀作用 （K_K）	水质类型	水质评价
Ⅲ₁	区间	72.1~442.36	-3.05~0.441	67.4~928.36	-6.69~-1.92	锅垢少或多、软硬垢质、不起泡或半起泡非腐蚀性水	基本适合锅炉用水
	均值	172.04	-0.684	412.10	-3.93		
Ⅲ₂	区间	188.61~657.27	0.53~1.57	278.3~1977.88	-2.70~2.24	锅垢多、硬垢质、起泡、非腐蚀性水	不太适合锅炉用水
	均值	314.95	0.91	592.28	-0.79		
Ⅲ₃	区间	543.5~1664.1	1.46~2.47	1210.5~5813.4	2.43~32.72	锅垢多或很多、硬垢质、起泡腐蚀性水	不适合锅炉用水
	均值	970.92	2.07	2837.4	13.22		

Ⅲ₁区：基本适合锅炉用水

基本适合锅炉用水的地下水分布在研究区内掌政—金贵一带。地下水为垢质少或多、软硬垢质、不起泡或半起泡、非腐蚀性水。

Ⅲ₂区：不太适合锅炉用水

不太适合锅炉用水的地下水分布在研究区内大部分地方，地下水为垢质多、硬垢质、起泡、非腐蚀性水。

Ⅲ₃区：不适合锅炉用水

不适合锅炉用水的地下水分布在月牙湖—通伏—八里桥一带及通南—永南—永宁县一带。地下水为垢质多或很多，硬垢质、起泡、腐蚀性水。

从一般锅炉用水水质综合评价来看，在研究区内河西平原中部呈南北条带状内地下水水质较好，基本适合锅炉用水，北部和东部水质较差，不太适合或不适合锅炉用水。

3.5.3 农田灌溉用水水质评价

根据本次调查所知，研究区内农田灌溉主要为引黄灌溉，部分地区开采第Ⅰ含水岩组补充灌溉，因此，本次只对第Ⅰ含水岩组进行农田灌溉用水水质评价。地下水中含有不同的盐类，有的是农作物生长必需的营养成分，有的则为过量的有害盐类，过量的有害盐类直接影响作物生长及土壤理化性质的改变。农田灌溉水质评价一般要考虑地下水水温、pH 值、含盐量及盐分组成。

农田灌溉水质评价采用灌溉系数分级，以灌溉系数、溶解性总固体、盐度、碱度作为分类指标，按不同类别进行水质评价。

（1）灌溉用水评价指标及计算方法

① 灌溉系数

当 $r\mathrm{Na}^+ < r\mathrm{CL}^-$ 时，有 NaCL 的存在量：$K_a = \dfrac{288}{5r\mathrm{Cl}^-}$；

当 $r\mathrm{CL}^- < r\mathrm{Na}^+ < r\mathrm{CL}^- < r\mathrm{SO}_4^{2-}$ 时，有 NaCL 及 $\mathrm{Na_2SO_4}$ 存在量：

$$K_a = \frac{288}{r\mathrm{Na}^+ + 4r\mathrm{Cl}^-}；$$

当 $r\mathrm{CL}^- + r\mathrm{SO}_4^{2-} < r\mathrm{Na}^+$ 时，有 NaCL、$\mathrm{Na_2SO_4}$ 及 $\mathrm{Na_2CO_3}$ 存在量：

$$K_a = \frac{288}{10r\mathrm{Na}^+ + 5r\mathrm{Cl}^- - 9r\mathrm{SO}_4^{2-}}；$$

式中：

K_a——灌溉系数；

$r\text{CL}^-$、$r\text{SO}_4^{2-}$、$r\text{Na}^+\cdots\cdots$——各种离子的物质的量浓度（mol/L）。

②综合危害

综合危害指地下水中各种盐类的总含量，用溶解性总固体表示。

③盐度

地下水的盐害程度用盐度表示，是液态下的氯化钠和硫酸钠的最大危害含量。

当 $r\text{CL}^-+r\text{SO}_4^{2-} < r\text{Na}^+$ 时，盐度 $=r\text{CL}^-+r\text{SO}_4^{2-}$；

当 $r\text{Na}^+<r\text{CL}^-+r\text{SO}_4^{2-}$ 时，盐度 $=r\text{Na}^+$。

④碱度

地下水的碱害程度用碱度表示，是液态下的碳酸钠和重碳酸钠的最大危害含量。

碱度 = 碱度为负值时盐度起主导作用。

分类评价指标见表3–32、表3–33。

表 3–32　灌溉系数分级评价标准

灌溉系数分级（K_a）	水 质 评 价 标 准
＞18	完全适合于灌溉的水
6~18	基本适于灌溉；在排水条件好时可以灌溉，否则要采取措施，以免盐分积累
1.2~＜6	不太适于灌溉；但在加强排水条件下，可以作灌溉用水
＜1.2	不适于直接作灌溉水水源

表 3-33　农田灌溉用水水质评价指标

危害类型及表示方法 淡水		水质类型			
		中等水	盐碱水	重盐碱水	
盐害（mmoL/L）	碱度为零时盐度	< 15	15-25	25-40	> 40
碱害（mmoL/L）	盐度小于 10 时碱度	< 4	4-8	3-12	> 12
综合危害（g/L）	溶解性总固体	< 2	2-3	3-4	> 4

（2）农田灌溉水质评价

根据地下水的灌溉系数、溶解性总固体、盐度和碱度评价指标，进行综合评价，评价结果见表3-34。

表 3-34　农田灌溉用水水质评价

项目 分区		灌溉系数 （Ka）	溶解性总固体 （g/L）	盐度 （mmoL/L）	碱度 （mmoL/L）	水质评价
I₁	区间	19.19~39.49	0.36~0.74	1.69~4.20	−15.65~1.498	完全适于灌溉的水
	均值	29.66	0.53	2.77	−2.99	
I₂	区间	6.22~16.68	0.61~1.62	3.98~16.36	−6.95~1.15	基本适于灌溉的水
	均值	10.48	1.01	7.97	−2.11	
I₃	区间	1.37~5.90	1.06~3.84	9.45~39.32	−44.42~−1.72	不太适于灌溉的水
	均值	2.90	2.43	23.70	−11.17	
I₄	区间	0.17~1.50	1.45~7.19	8.00~256.82	−177.50~−2.55	不适于直接灌溉的水
	均值	0.72	3.61	106.31	−53.13	

I₁区：完全适合农田灌溉的水

完全适合于灌溉的地下水分布在研究区河西平原的掌政—金贵—习岗一带及民乐东部，地下水水温为11~13℃，pH值为7.78~8.38。用该地区地下水长期灌溉，对农作物生长和土壤不会产生不良影响，属于水质好的淡水，完全适合农田灌溉。

I₂区：基本适合农田灌溉的水

基本适合于农田灌溉的地下水分布在研究区大部分地方，地下水温为11~14℃，pH值为7.48~8.85。使用该区地下水进行农田灌溉，在排水不良时，长期灌溉对农作物生长和土壤有一定的影响；但是在有一定排水措施的条件下，注意灌溉方法、合理灌溉，可使农作物生长良好，避免土壤盐渍化。该区地下水水质中等，基本适合农田灌溉的水。

I₃区：不太适合农田灌溉的水

不太适合农田灌溉的地下水主要分布在通伏、永南黄河沿岸，地下水水温为11~13℃，pH值为7.65~8.20。使用该区地下水进行农田灌溉时，必须注意灌溉方法，采取相应的排灌措施，否则会对农作物生长产生不良影响，引起土壤盐渍化。该区地下水属于盐碱水，不太适合农田灌溉。

I₄区：不适合直接灌溉的水

不适合直接灌溉的地下水主要分布在月牙湖及临河一带，地下水水温为11~14℃，pH值为7.24~8.06。使用该区地下水进行农田灌溉时，对农作物的影响较大，易产生土壤盐渍化，不易长期灌溉。该区地下水属于重盐碱水，不适合直接灌溉。

第4章　供水能力评价

4.1　供水区选择

本次调查是在区域1∶5万地下水资源调查评价的基础上，寻找供水有利地段，通过前期资料收集、地面调查及地面电法勘查工作，分别选择掌政、立岗及月牙湖地区进行供水能力评价。

4.1.1　掌政地区

（1）资料分析

拟选掌政地区供水区位于研究区西南。该区有前人钻孔5眼，其中第Ⅱ含水岩组钻孔2眼，第Ⅱ、Ⅲ含水岩组钻孔3眼。从钻孔资料可知，第Ⅱ含水岩组含水层厚度大、水量大、水质优，第Ⅲ含水岩组同样存在含水层厚度大、水量大的特点，但是地下水溶解性总固体含量超出生活饮用水卫生标准。对比北部东郊供水区，其第Ⅱ含水岩组水质好、水量大，为开采目的层。

（2）地面电法勘查

通过前期地面电法勘查，在拟选供水区内，第Ⅱ含水岩组水质较好，仅在调查区西北角及东侧地下水溶解性总固体含量为1~3 g/L，第Ⅲ含水岩组地下水溶解性总固体分布特征与第Ⅱ含水岩组相似，地下水溶解性总固体含量小于1 g/L的范围相对缩小（图4-1）。

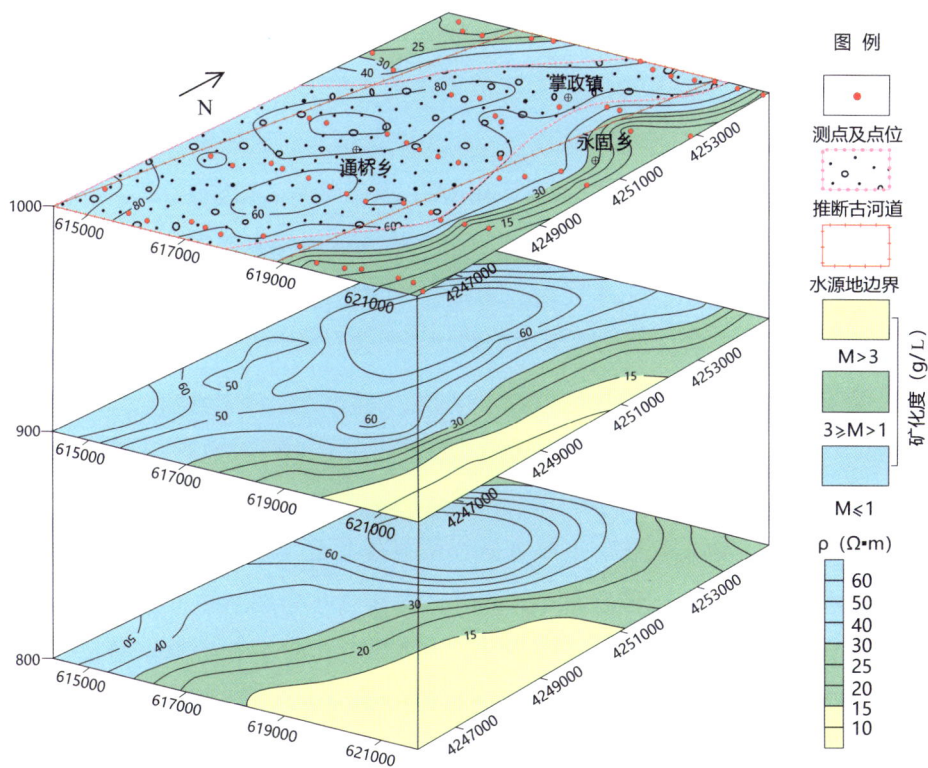

图4-1 地面电法推测掌政供水区地下水水质分布（来源：作者自绘）

综上所述，拟选供水区内第Ⅰ、Ⅱ含水岩组水质好，第Ⅲ含水岩组水质好的范围相对缩小，但是第Ⅰ含水岩组水位埋藏浅，易受污染，第Ⅱ含水岩组埋藏深，含水层厚度大，作为开采目的层。为此，选定供水区面积为56km²，供水层为第Ⅱ含水岩组。

4.1.2 立岗地区

（1）资料分析

收集整理拟选立岗供水区范围内前人资料，通过资料分析，在惠农渠以东地下水水质较差。在惠农渠以西到唐徕渠，有前人钻孔4眼，其中第Ⅱ含水岩组钻孔3眼，第Ⅲ含水岩组钻孔1眼，地下水溶解性总固体含量小于1g/L。对比研究区南部东郊供水区，供水区内第Ⅱ含水岩组水质好、水量大，为供水目的层，第Ⅲ含水岩组在南北带状区域内地下水溶解性总固体含量小于1g/L，但范围相对第Ⅱ含水岩组较小。

（2）地面电法勘查

通过前期地面电法勘查，拟选立岗供水区范围内第Ⅱ含水岩组在立岗、银东五队、卫星五队、蔡家寨及贺兰地区水质好，地下水的溶解性总固体含量小于1 g/L。第Ⅲ含水岩组与第Ⅱ含水岩组具有相似分布特征，在立岗、银东五队、卫星五队、蔡家寨及光明村地区水质好，地下水溶解性总固体含量小于1g/L（图4-2）。

综上所述，通过前期调查，拟选立岗供水区第Ⅱ、Ⅲ含水岩组水质好，地下水溶解性总固体含量小于1 g/L的范围大，含水层厚，富水性强。为此，选定立岗供水区的范围面积为130 km²，目的层为第Ⅱ、Ⅲ含水岩组。

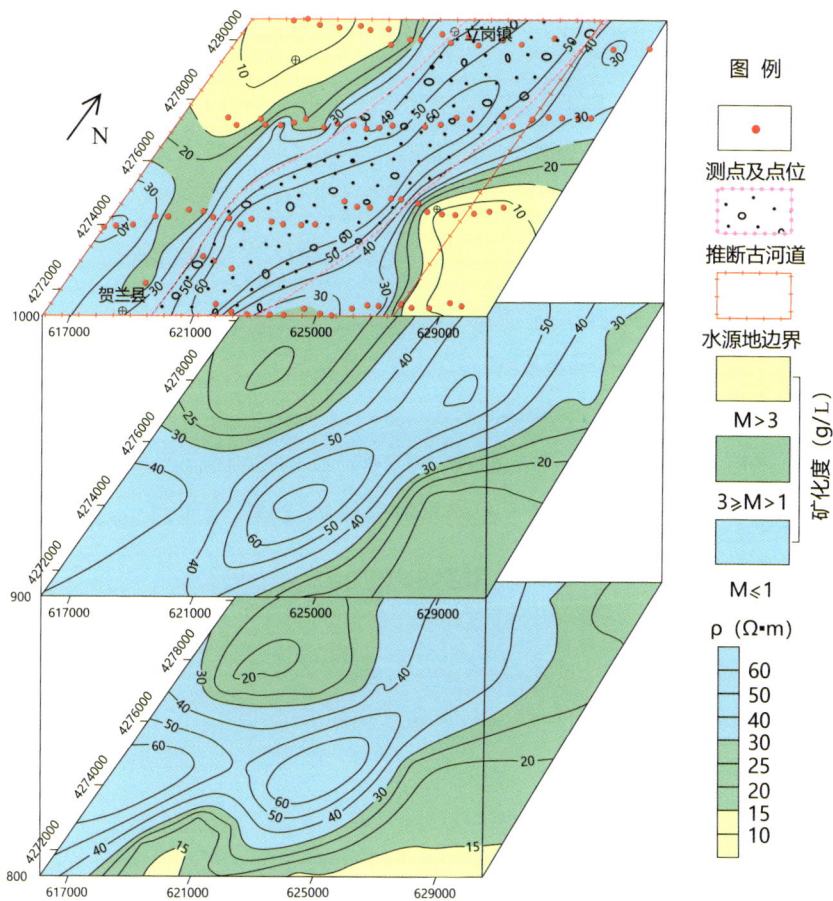

图4-2 地面电法推测立岗供水区地下水分布（来源：作者自绘）

4.1.3 月牙湖地区

（1）资料分析

月牙湖地区前人调查较少，一直认为第四系较薄，为单一潜水区。2013年自治区实施的《宁夏"十二五"生态移民安置区地下水勘查打井工程》在月牙湖北部施工完成2眼探采结合孔，最大勘探深度180 m，未揭穿第四系，而且具有水量大、水质好的特点，与前人认识不符。据此，可研究查明该区水文地质条件，有望勘探新的优质水源。

（2）地面电法勘查

通过前期地面电法勘查工作，月牙湖地区第四系厚度呈现出西厚东薄的特点，西侧厚度介于160~250 m之间，向东部靠近山前，第四系厚度变薄；地下水溶解性总固体含量小于1 g/L。

综上所述，通过前期工作，认为月牙湖地区具有第四系厚度大、地下水水质好的特点，可投入勘探工作，查明供水区水文地质条件，为进一步查明水源提供资料。为此，选定月牙湖供水区面积为78 km^2，进行供水区初勘工作。

4.2 供水水源勘探

供水水源勘探旨在为滨河新区寻找供水水源，解决滨河新区供水问题。水源勘探是在区域1∶5万地下水资源调查评价工作的基础上进行的，本次勘探先开展整个研究区水文地质调查评价工作，了解开采现状、查明区域水文地质特征、地下水水质分布范围，分层分质评价地下水资源量。在此基础上，选择供水有利地段，进行供水水源勘探工作，评价可供人饮的地下水资源量。

4.3 掌政供水区

4.3.1 供水区基本情况

（1）供水区位置

掌政供水区位于银川市以东、黄河以西，属于银川市兴庆区掌政镇与永宁县通桥乡交接地带。其范围位于孔雀村—五渡桥一线以南、下河村—永南村以北、春林村—下河村以东、惠农渠以西的区域，控制面积55 km²。调查区在供水区的基础上向外扩2 km，北起贺兰县，东抵黄河西边界，南接永宁县—马莲台一带，西靠京藏高速公路，调查面积148 km²。

（2）开采现状

目前，供水区内地下水利用主要为居民生活用水，农田灌溉用水采用黄河水，无工业用水。居民生活用水主要来自农村安全饮水工程。其中永宁县望远镇政台农村安全饮水工程位于永宁县望远镇政台村，主要开采第Ⅱ含水岩组地下水，年开采量为23.8万 m³，主要供东升、政台、政权、力强、通桥、长湖、上河、下河等村。银川市兴庆区掌政镇农村安全饮水工程开采井位于掌政镇，主要开采目的层为第Ⅱ含水岩组，年开采量为33.44万 m³。此外，居民家中多备有手压井，深度在10~20m，现在大多已废弃，开采量很小。

4.3.2 供水区勘探成果

（1）水文地质条件

供水区位于黄河冲湖积平原二级阶地前缘及一级阶地后缘结合

部位。根据本次勘探所揭露270 m深度以内地层及前人资料表明，第四系以细砂为主体，间夹多层黏性土，垂向上形成多层含水结构。为研究地下水方便且与前人取得的成果有可比性，将250~270 m深度以内若干含水层合并划分为三个含水岩组：第Ⅰ含水岩组，自地表向下至45~80 m，地下水具有微承压性；第Ⅱ含水岩组底板埋深160~180 m；第Ⅲ含水岩组底板埋深230~250 m，地下水属承压水。本次勘探目的层为第Ⅱ含水岩组，结合前人资料，分述如下。

第Ⅰ含水岩组：含水岩组埋深在39.1~82.64 m以上，含水层厚度36.10~79.64 m。主要由1~4层褐灰色、青灰色细砂与粉细砂组成，间夹1~3层褐灰色黏砂土、砂黏土薄层，单层厚度一般1~3 m，最厚达4.5 m。

由于地表普遍覆盖3.66~8.89 m不等的黏砂土、砂黏土，致使地下水普遍具有微承压性，水位埋深在2~7 m。富水性强，单井涌水量为2000~3000 $m^3 \cdot d^{-1}$。

第Ⅱ含水岩组：与上覆第Ⅰ含水岩组有一层黏性土隔开，厚约1.50~3.75 m，局部地段可达8.3 m，水平方向连续性好。含水岩组埋深在40.60~86.39 m以下，148.30~176.46 m以上，含水层厚66.58~109.74 m。含水层主要由青灰色细砂组成，其间夹褐灰色黏砂土薄层、砂黏土薄层或透镜体，单层厚度1~4 m，分布极不连续。

承压水压力水头埋深1.29~7.13 m，富水性强，供水区内单井涌水量多在3000~4000 $m^3 \cdot d^{-1}$，仅在通桥村及五渡桥七队周边小范围区域涌水量在2000~3000 $m^3 \cdot d^{-1}$。第Ⅱ含水岩组富水性较强，为地下水的开发利用提供充足水源。

第Ⅲ含水岩组：该区第Ⅲ含水岩组资料较少，根据本次新布设观3号孔（深270 m）并结合前人钻孔资料对该区域第Ⅲ含水岩组做初步分析。与上覆第Ⅱ含水岩组间有一层黏性土隔开，厚度在1.37~7.75 m，其水平方向分布不甚连续，多呈上下交错状相互搭接。该含水岩组埋深在148.3~176.46 m以下，233.00~267.08 m以上，含水层厚度在47.00~74.89 m，含水层主要由青灰色细砂、粉细砂组成，间夹薄层褐灰色黏砂土、砂黏土薄层或透镜体，单层厚度1~4 m。

承压水压力水头埋深在3~5 m，富水性较第Ⅱ含水岩组稍弱，单井涌水量1000~2000 $m^3 \cdot d^{-1}$。

（2）水化学特征

第Ⅰ含水岩组：供水区内地下水水化学类型大致呈南北向条带状分布，自西向东依次为HSnm型—HScm型—HSnm型。其中供水区内部以HScm型为主，其西边界分布少量HSnm型水。

地下水溶解性总固体含量大于1 g/L的区域仅分布在供水区的西北塔桥一带及供水区东部掌政以东的小部分范围内，其余地区地下水溶解性总固体含量均小于1 g/L。

第Ⅱ含水岩组：供水区地下水水化学类型呈南北走向，自西向东地下水水化学类型依次为CSnc型—HCnm型—HSmc型—HCnm型—CSnm型，其中供水区内部以HSmc型水为主，夹小面积的HSnm型水。

地下水溶解性总固体含量在供水区内仅在掌政镇春林二队附近大于1 g/L，其余地方溶解性总固体含量均小于1 g/L。

第Ⅲ含水岩组：依据本次勘探施工的观3号孔水样分析结果显

示，地下水水化学类型为 CSnm 型，溶解性总固体含量达6.445 g/L，其总硬度、铁离子、锰离子均超出《生活饮用水卫生标准》一般化学指标。

综上所述，供水区第Ⅱ含水岩组含水层厚度大，水量丰富，水质好，压力水头埋深小，隔水层顶底板相对连续。其与上下含水岩组相比而言，为较好的供水目的层。

（3）参数选取

本次在供水区中心位置布设第Ⅱ含水岩组主孔1眼，第Ⅰ、Ⅱ、Ⅲ含水岩组观测孔各1眼，进行孔组非稳定流抽水试验，分析其抽水资料，满足有越流补给条件下的假定条件，采用配线法、拐点法及水位恢复法分别计算水文地质参数，通过计算对比，三种方法计算水文地质参数值比较接近，对比该区前人报告参数，结果相近。说明水文地质条件概化模型合理，抽水资料准确，计算的水文地质参数可信，水文地质参数选取见表4-1。

表 4-1　掌政供水区水文地质参数

试验方法	水文地质参数						
	T（m²/d）	S^*	a（m²/d）	$\dfrac{K'}{M'}$（1/d）	B（m）	K（m/d）	R（m）
非稳定流	738.75	3.35×10^{-4}	2.15×10^{6}	5.21×10^{-4}	1171.0	9.56	770.0

（4）开采方案设计

根据上述水文地质条件，结合已完成的抽水试验主孔，以井距800 m、排距1000 m布设开采井21眼，其中备用井1眼，单井开采量为2500 m³·d⁻¹，井群开采量为5万 m³·d⁻¹，开采目的层为第Ⅱ含水岩组，布井区面积约16.74km²。

（5）地下水资源评价

①地下水资源量评价

地下水资源量分别采用开采条件下补给量法与水均衡计算法进行计算对比。

开采条件下补给量：由于井群集中开采，改变了地下水的天然平衡状态，形成以开采区为中心的降落漏斗及开采条件下的激发补给量。这些量包括：第Ⅰ含水岩组越流补给量，侧向径流补给量和弹性释水量。经计算，本区第Ⅱ含水岩组各项补给量共5.326万 m³·d⁻¹，其中第Ⅰ含水岩组的越流补给量为4.468万 m³·d⁻¹。

水均衡法均衡方程式为：

$$\frac{\mu \cdot \Delta hF}{\Delta t} = Q_{补} - Q_{排}$$

式中符号意义同前。

天然状态下，均衡区内地下水的补给项包括大气降水入渗补给、田间灌溉入渗补给、侧向径流补给和渠系入渗补给，地下水的排泄项包括潜水蒸发量、侧向径流排泄和排水沟排泄。

通过天然状态下补给项及排泄项计算，在均衡区内总补给量为6.039万 m³·d⁻¹，总排泄量为6.073万 m³·d⁻¹，均衡结果为 –0.034万 m³·d⁻¹，呈微弱负均衡。均衡结果见表4–2。

表 4-2　掌政供水区第 I 含水岩组水均衡结果

补给项	补给量 （万 $m^3 \cdot d^{-1}$）	排泄项	排泄量 （万 $m^3 \cdot d^{-1}$）
田间入渗量	3.8839	蒸发量	4.3419
降水入渗量	0.4221	排水沟排泄量	1.6955
侧向补给量	0.0236	侧向排泄量	0.0355
渠系入渗量	1.709		
合计	6.039	合计	6.073
均衡结果	-0.034		

通过上述计算，第 I 含水岩组的总补给量为 6.039 万 $m^3 \cdot d^{-1}$，第 II 含水岩组在开采状态下获得的越流补给量为 4.468 万 $m^3 \cdot d^{-1}$，说明第 I 含水岩组的补给量可满足第 II 含水岩组的越流补给量；开采条件下第 II 含水岩组的补给量为 5.326 万 $m^3 \cdot d^{-1}$，说明供水区开采运行后，允许开采量为 5 万 $m^3 \cdot d^{-1}$ 是有保障的。

②水质评价

水质评价采用国家《生活饮用水卫生标准》（GB5749—2006）中水质常规指标和一般锅炉用水水质评价标准，对供水区内地下水水质进行评价，评价结果表明供水区内第 II 含水岩组地下水水质较好，除部分地区铁、锰离子及氨氮超标外，其他指标均符合生活饮用水中常规指标。一般锅炉用水评价结果表明，第 II 含水岩组供水区内为锅垢少、硬垢质、半起泡、半腐蚀性的水。

③保证程度分析

通过上述资源量评价，在布井区范围内，地下水水量大、水质好，可满足开采要求。在开采条件下，通过干扰叠加法和开采强度法预测开采20年时地下水最大水位降深为28.509 m，不超过第Ⅱ含水岩组顶板埋深40 m；通过溶质混合预测和相似比拟法，预测开采20年时地下水溶解性总固体含量最大为0.947 g/L，未超出生活饮用水卫生标准。

综上所述，通过勘探查明了该区地下水空间分布规律，提供了水质基本满足生活饮用水卫生标准可开采资源量（B级）5万 m³·d⁻¹的集中供水区，为滨河新区建设提供了供水水源。

4.4 立岗供水区

4.4.1 供水区基本情况

（1）供水区的位置

供水区位于银川市贺兰县北部，具体范围北起旭光七队，南至王家庄，西起安渠五队，东至惠农渠，面积为130 km²，调查区在供水区的基础上向外扩2 km，调查面积230 km²。

（2）开采现状

在供水区范围内居民生活用水主要来自贺兰县供水区，部分村民开采手压井作为牲畜饮用水源，井深10~20 m，开采层为第Ⅰ含水岩组。此外有安全饮水工程机井3眼，位于供水区的东北部，目前投入使用的有2眼机井，井深分别为120 m和126 m，主要开采第Ⅱ含水岩组地下水，年开采量为15.56万 m³和14.56万 m³。供水区内有6眼灌溉井，井深40~50 m，开采第Ⅰ含水岩组地下水，年开采量在73万 m^3左右。

4.4.2　供水区勘探成果

立岗供水区设计目的层为第Ⅱ、Ⅲ含水岩组，在勘探过程中，发现立岗供水区第Ⅱ含水岩组在供水区西北部水质变差，第Ⅲ含水岩组仅在习岗镇五星村小部分范围内地下水溶解性总固体含量小于1 g/L，因此开采目的层调整为第Ⅱ含水岩组。

（1）水文地质条件

供水区处于银川冲湖积平原二级阶地前缘及一级阶地后缘结合部位潜水—承压水的多层迭置区，根据本次勘探资料及前人资料，将本次供水区内370 m深度划分为四个含水岩组：第Ⅰ含水岩组：40~70 m以上；第Ⅱ含水岩组：位于40~70 m以下，150~170 m以上位置，含水层厚60~110 m；第Ⅲ含水岩组：位于150~170 m以下，230~270 m以上，含水层厚60~100 m；第Ⅳ含水岩组：位于230~270 m以下，370 m以上。本次勘探目的层为第Ⅱ含水岩组，为初步了解第Ⅲ、Ⅳ含水岩组的水文地质条件，布设了第Ⅲ含水岩组勘探孔13眼，第Ⅳ含水岩组勘探孔1眼，结合供水区内前人资料，分述如下。

第Ⅰ含水岩组：含水岩组位于40~70 m以上，含水层厚度30~65 m，主要由1~3层褐灰色、青灰色细砂与粉细砂组成，间夹1~2层褐灰色黏砂土、砂黏土薄层或透镜体，单层厚度一般1~3 m，最厚可达13 m。由于地表普遍覆盖3~10 m厚的黏砂土，致使地下水普遍具有微承压性。水位埋深2~6 m，单井涌水量小于1 500 $m^3 \cdot d^{-1}$，为一般富水区。

在供水区内由南向北从孙家庄到立岗镇的中部狭长范围内及供水区的西部区域，地下水溶解性总固体小于1g/L，其余区域均大于1 g/L 以上。

第Ⅱ含水岩组：与上覆第Ⅰ含水岩组间有一层黏性土隔开，岩性为褐灰色黏砂土或砂黏土，厚0.5~2m，局部地段可达9m，水平方向上连续性好。第Ⅱ含水岩组埋深40~70 m 以下，150~170 m 以上，含水层厚60~110 m，主要由青灰色细砂组成，局部夹有1~3m褐灰色黏砂土、砂黏土薄层或透镜体，单层厚度1~2 m，分布极不连续。承压水压力水头埋深3~4 m，普遍高于上覆微承压水水位；富水性强，据本次勘探资料，单井涌水量为1766~4712 $m^3 \cdot d^{-1}$。

地下水溶解性总固体含量在供水区中部向南的狭长的区域及中部向东的条带状区域溶解性总固体小于1g/L，其余区域溶解性总固体均大于1 g/L。

第Ⅲ含水岩组：与上覆第Ⅱ含水岩组间有一层黏性土，岩性为褐灰色黏砂土或砂黏土，厚度一般1~3m，最大厚度达5.1 m，由于其隔水层上下交错，致使隔水顶板在水平方向上分布不连续，与第Ⅱ含水岩组具有相似的水力性质。第Ⅲ含水岩组位于150~170 m 以下，230~270 m 以上，含水层厚60~100 m，由1~2层青灰色细砂、粉细砂组成，局部夹有薄层褐灰色黏砂土、砂黏土薄层或透镜体，单层厚度一般小于2 m。承压水压力水头埋深1~4 m，富水性较第Ⅱ含水岩组稍弱。

地下水溶解性总固体含量在五星村范围内小于1g/L，其余地区地下水溶解性总固体含量均大于1 g/L。

第Ⅳ含水岩组：第Ⅳ含水岩组在该区无前人资料，根据本次观

4孔（373.4 m），顶板埋深268.15~283.52 m，底板埋深357.40~363.52 m，含水层厚度64.26 m，地层岩性以细砂为主，夹有薄层黏砂土。承压水压力水头埋深4.23 m，单井涌水量1966.464 $m^3 \cdot d^{-1}$。

（2）水化学特征

第Ⅰ含水岩组：在供水区内，地下水水化学类型以 HCmc、HCmn 型水为主。在供水区中部自南向北狭长范围内，地下水溶解性总固体含量小于1g/L，其东西两侧逐渐增至1 g/L 以上；在调查区的西侧得胜十队、经济桥六队一带地下水溶解性总固体含量也小于1g/L。

第Ⅱ含水岩组：在供水区内，地下水水化学类型以 HSmn、HSmc 型水为主。在供水区中部自南向北较小范围内，地下水溶解性总固体小于1g/L，向东西两侧逐渐增大。

第Ⅲ含水岩组：在供水区内，地下水水化学类型以 CSnm 型水为主，其他类型的地下水零星分布。地下水溶解性总固体含量仅在供水区中部五星村一带小于1g/L，其余地区均大于1g/L。

第Ⅳ含水岩组：依据本次勘探的观4号孔水样分析结果显示，该孔地下水水化学类型为 CSnm 型，地下水溶解性总固体含量为5.064 g/L，其中铁、锰离子超出《生活饮用水卫生标准》的一般化学指标。

（3）参数选取

本次在供水区中心位置布设第Ⅱ含水岩组主孔1眼，第Ⅰ、Ⅱ、Ⅲ、Ⅳ含水岩组观测孔各1眼，进行孔组非稳定流抽水试验，分析抽水试验资料，满足有越流补给条件下的抽水试验，采用配线法、拐点法、水位恢复法及 Aquifer Test 分别计算水文地质参数，通过对比，四种方法计算所得水文地质参数值比较接近，对比该区前人报告参数，结果相近。说明水文地质条件概化合理，抽水资料准确，计算的水文地质参数可信，水文地质参数选取见表4-3。

表4-3 立岗供水区水文地质参数选取表

试验方法	水文地质参数						
	$T（m^2 \cdot d^{-1}）$	S^*	$a（m^2 \cdot d^{-1}）$	$（1/d）$	$B（m）$	$K（m/d）$	$R（m）$
非稳定流	745.77	6.78×10^{-4}	1.38×10^6	1.87×10^{-3}	789.78	8.26	469.95

（4）开采方案

根据上述水文地质条件，结合已完成的抽水试验主孔，以井距1000 m、排距800 m布设开采井12眼，单井开采量为2500 $m^3 \cdot d^{-1}$，井群开采量为3万 $m^3 \cdot d^{-1}$，开采目的层为第Ⅱ含水岩组，布井区面积约11.22 km^2。

（5）地下水资源评价

①地下水资源量评价

地下水资源量分别采用开采条件下补给量法与水均衡计算法进行计算对比。

开采条件下补给量：由于井群集中开采，改变了地下水的天然平衡状态，形成以开采区为中心的降落漏斗及开采条件下的激发补给量。这些量包括：第Ⅰ含水岩组越流补给量、侧向径流补给量和弹性释水量。经计算，本区第Ⅱ含水岩组各项补给量为3.486

万 $m^3 \cdot d^{-1}$，其中第 I 含水岩组的越流补给量为2.672万 $m^3 \cdot d^{-1}$。

水均衡法均衡方程式为：

$$\frac{\mu \cdot \Delta hF}{\Delta t} = Q_{补} - Q_{排}$$

式中符号意义同前。

天然状态下，均衡区内地下水的补给项包括大气降水入渗补给、田间灌溉入渗补给、侧向径流补给和渠系入渗补给，地下水的排泄项包括潜水蒸发量、侧向径流排泄和排水沟排泄。

通过天然状态下补给项及排泄项计算，在均衡区内总补给量为2.693万 $m^3 \cdot d^{-1}$，总排泄量为2.658万 $m^3 \cdot d^{-1}$，均衡结果为0.035万 $m^3 \cdot d^{-1}$，呈微弱正均衡。均衡结果见表4–4。

表 4–4　立岗供水区第 I 含水岩组水均衡结果

补给项	补给量（万 $m^3 \cdot d^{-1}$）	排泄项	排泄量（万 $m^3 \cdot d^{-1}$）
田间入渗量	1.09	蒸发量	0.79
降水入渗量	0.143	排水沟排泄量	1.43
侧向补给量	0.030	侧向排泄量	0.24
渠系入渗量	1.43	开采量	0.198
合计	2.693	合计	2.658
均衡结果	0.035		

通过上述计算，第 I 含水岩组的总补给量为2.693万 $m^3 \cdot d^{-1}$，第 II 含水岩组在开采状态下获得的越流补给量为2.672万 $m^3 \cdot d^{-1}$，说明第 I 含水岩组的补给量可满足第 II 含水岩组的越流补给量；开采条件下第 II 含水岩组的补给量为3.486万 $m^3 \cdot d^{-1}$，说明供水区开采运行后，允许开采量为3万 $m^3 \cdot d^{-1}$ 是有保障的。

②水质评价

水质评价采用国家《生活饮用水卫生标准》（GB5749—2006）中水质常规指标和一般锅炉用水水质评价标准，对布井区内地下水水质进行评价，评价结果表明布井区内第 II 含水岩组地下水水质较好，除部分点铁、锰离子及氨氮超标外，其他指标均符合生活饮用水常规指标。一般锅炉用水评价结果表明，第 II 含水岩组供水区内为锅垢多、硬垢质、起泡、非腐蚀性的水。

③保证程度分析

通过上述资源量评价，在布井区范围内，地下水水量大、水质好，可满足开采要求。在开采条件下，通过干扰叠加法和开采强度法预测开采20年时地下水最大水位降深为17.11m，不超过第 II 含水岩组顶板埋深31m；通过溶质混合预测和相似比拟法，预测开采20年时地下水溶解性总固体含量最大为0.883 g/L，未超出生活饮用水卫生标准。

综上所述，通过勘探查明了该区地下水空间分布规律，圈定了水质基本满足生活饮用水卫生标准可开采资源量（B级）为3万 $m^3 \cdot d^{-1}$ 的集中供水区，为滨河新区建设提供了供水水源。

4.5 月牙湖供水区

4.5.1 供水区基本情况

（1）供水区位置

供水区位于银川市兴庆区东北部，地处鄂尔多斯台地的西南边缘，北与平罗县高仁镇接壤，南至临河银渝高速、与灵武市以明长城为界，东与内蒙古鄂托克前旗为邻，西至黄河与通贵乡隔河相望，供水区面积约78.15 km²。

（2）开采现状

供水区内地下水是当地居民生活用水的主要水源，据本次调查，用于生活饮用水的集中开采井有3眼，其中1眼开采井位于水厂，开采量为60 m³·h⁻¹；另外2眼开采井位于滨河家园，合计开采量为50 m³·h⁻¹。用于农田灌溉的开采井有9眼，其中4眼位于农场，合计开采量为50 m³·h⁻¹；另外5眼位于红梅基地，合计开采量为60 m³·h⁻¹，且灌溉开采井只在灌期开采。据统计，区内地下水总开采量为0.95万 m³·d⁻¹。

4.5.2 供水区勘探成果

（1）水文地质条件

供水区位于银川平原北部黄河以东月牙湖地区，该区前人勘探较少，一直认为第四系较薄，为单一潜水区。通过本次勘探，发现月牙湖地区第四系厚度与前人认识有所不符，该地区第四系西部厚、东部薄，供水区内最大厚度达250 m，地层岩性以褐黄色黏砂土、黏土及灰色细砂、粉细砂为主，为多层结构区。本次将勘探深度250 m内划分为三个含水岩组。第Ⅰ含水岩组：埋藏于35.65~82.03 m以上；第Ⅱ含水岩组：顶板埋深35.65~82.03 m，底板埋深119.3~193.65 m；第Ⅲ含水岩组：顶板埋深119.3~193.65 m，底板埋深137.95~250 m。每个含水岩组又由若干个具有水力联系的含水层组成。各含水岩组的隔水层，在垂直方向上厚度变化大，总体趋势呈西部较厚，东部较薄。

第Ⅰ含水岩组：含水层由灰色、青灰色细砂与粉细砂组成。含水层厚度较小，在调查区局部地方，粉细砂裸露地表，其余大部分面积，地表有3~10 m厚的黏砂土，第Ⅰ含水岩组底板埋深变化大，在园林场家属队及其以北地区，底板埋深不到50 m，在园林场家属队以南地区，底板埋藏在50~80 m。据本次地面调查资料，浅层地下水水位在0.6~8 m，具有微承压性，富水性较弱，单井涌水量小于500 m³·d⁻¹。

第Ⅱ含水岩组：与第Ⅰ含水岩组间有一层厚3~15 m的黏性土隔开，在垂向上，黏性土厚度不均，在水平方向上较为连续，隔水层稳定。在第Ⅱ含水岩组内部，又由若干个具有水力联系的含水层组成，含水层岩性主要由灰色、青灰色细砂及粉细砂组成，最大厚度达78.02 m，最小厚度30.62 m，平均厚度56.63 m。最大厚度分布在供水区西部园林场家属队一带，最小厚度分布在供水区东部山前一带。供水区内地下水水位西北高，东南低，地下水富水性为一般富水区，在供水区内大部分地方单井涌水量均大于1000 m³·d⁻¹；只有在东部靠近山前一带单井涌水量小于1000 m³·d⁻¹。

第Ⅲ含水岩组：与第Ⅱ含水岩组之间有一层黏性土隔开，构成了第Ⅲ含水岩组顶板，在水平方向上连续性较差，局部出现天窗，在垂向上分布极不均匀，厚度20~35 m。本次勘探第Ⅲ含水岩组较薄，大部分钻孔进行第Ⅱ、Ⅲ含水岩组混合抽水，仅对供水区中西部Y05孔进行了分层抽水，含水层埋藏于154.4~242 m，含水层厚58 m，地层岩性以细砂为主，单井涌水量1615.68 $m^3 \cdot d^{-1}$。

（2）水化学特征

第Ⅰ含水岩组：地下水水化学类型自西向东依次为 HS 型—SH 型—SC 型，还有其他类型的地下水零星分布。地下水溶解性总固体含量在头道墩及其北部地区、南部小部分地区及中部局部地区小于1 g/L，月牙湖北部地区大于3 g/L，其余大部分地区均在1~3 g/L。

第Ⅱ含水岩组：地下水水化学类型主要以 SC 型为主，在供水区的西北部为 CS 型，其他类型的地下水零星分布。地下水溶解性总固体含量大部分地区小于1 g/L，仅在园林场家属队西部局部地区为1~3 g/L 和大于3 g/L。

第Ⅲ含水岩组：该区仅对 Y05 单独做第Ⅲ含水岩组水质分析，从分析结果可知，地下水水化学类型为 CSnm 型，溶解性总固体含量为3.581 g/L。

（3）参数选取

本次在供水区中心位置布设第Ⅱ含水岩组抽水主孔1眼、同层位观测孔1眼，进行孔组非稳定流抽水试验，在抽水同时，对距离主孔27 m的第Ⅰ含水岩组民井进行同步观测。分析其抽水资料，满足无越流补给条件下的假定条件，抽水曲线与泰斯标准曲线吻合。采用配线法、拐点法及水位恢复法分别计算水文地质参数，通过计算对比，三种方法计算出的水文地质参数值比较接近。说明水文地质条件概化合理，抽水资料准确，计算的水文地质参数可信，水文地质参数选取见表4-5。

表4-5 月牙湖水源水文地质参数

试验方法	水文地质参数				
	$T（m^2/d）$	$S*$	$a（m^2/d）$	$K（m/d）$	$R（m）$
非稳定流	420.77	9.34×10^{-4}	5.43×10^5	5.84	1518.4

（4）地下水资源评价

①水量评价

根据上述水文地质条件，基于当前的勘探资料，在规划开采条件下评价该区地下水开采资源量。在开采条件下，开采井群中心水位下降，第Ⅱ含水岩组的补给量主要为激发侧向补给量的增量和袭夺侧向排泄量的减量。通过计算，第Ⅱ含水岩组在开采状态下的补给量为2.954万 $m^3 \cdot d^{-1}$，在现状开采条件下，可满足新增2万 $m^3 \cdot d^{-1}$ 的开采量。

②水质评价

水质评价采用国家《生活饮用水卫生标准》（GB5749—2006）中水质常规指标和一般锅炉用水水质评价标准，对规划开采区内地下水水质进行评价，评价结果表明第Ⅱ含水岩组地下水水质较好，除氟离子普遍超标，个别点硫酸盐和硝酸盐超标外，其他指标均符合生活饮用水常规指标。一般锅炉用水评价结果表明，第Ⅱ含水岩组供水区内为锅垢少、软垢质、起泡、半腐蚀性的水。

综上所述，该区进行了供水区的初步勘探工作，选定地下水水质好、水量相对大的地段，评价地下水可开采资源量（C级）2万 m^3·d^{-1}，为供水区下一步勘探提供依据。

4.6 供水区影响评价

研究区范围内供水区主要分布在黄河河西平原区，包括本次评价的立岗供水区、掌政供水区及前人评价完成的银川市东郊水源地。

4.6.1 东郊水源地基本情况

（1）水源地勘探评价情况

银川市东郊供水区位于银川平原中部，黄河冲湖积平原阶地上，行政区划属银川市兴庆区掌政镇、大新乡及贺兰县金贵镇所辖，具体范围北起贺兰县县城，南抵星火村，西起新水桥，东抵金贵五队，供水区面积104 km^2。位于立岗供水区南部，供水区范围相距1.7 km；位于掌政供水区北部，供水区范围相距0.3 km。

银川市东郊水源地于1995年勘探完成并提交供水区勘探报告，通过勘探，该区第Ⅰ含水岩组埋藏于45~80 m以上，含水层厚40~70 m，地下水水位埋深2~6 m，富水性一般，单井涌水量小于1500 m^3·d^{-1}（统一换算为口径305 mm，降深10 m，以下同），在水源地内，南北两端宽缓、中部狭长的范围内地下水溶解性总固体含量小于1 g/L，东西两侧逐渐增高至1 g/L以上。第Ⅱ含水岩组顶板埋深45~80 m，底板埋深160~180 m，含水层厚75~130 m，地下水测压水头埋深0.4~4 m，富水性强，单井涌水量大于3000 m^3·d^{-1}，在南北向呈带状范围内，地下水溶解性总固体含量小于1 g/L。第Ⅲ含水岩组顶板埋深160~180 m，底板埋深230~250 m，含水层厚40~65 m，地下水测压水头埋深1.0~4.0 m，富水性较第Ⅱ含水岩组弱，单井涌水量大于2500 $m^3 \cdot d^{-1}$，沿南北呈葫芦状，地下水溶解性总固体含量小于1g/L。

通过勘探，进行开采方案优选，最终确定开采目的层为第Ⅱ含水岩组，以排距600 m、井距700 m布设开采井34眼，单井开采量为3000 $m^3 \cdot d^{-1}$，井群开采量为10.2万 $m^3 \cdot d^{-1}$，布井区面积15.519 km^2。采用干扰叠加法和开采强度法预测开采20年井内最大水位降深为27.95 m，地下水中除铁、锰离子超标外，其余各项指标均符合《生活饮用水卫生标准》（GB5749—2006），通过开采条件下的水质预测，开采20年时地下水溶解性总固体含量为0.937 g/L。

（2）水源地现状

银川市东郊水源地为城市生活饮用水源区，水源地范围内主要为农田，汉延渠自南向北经过水源地，第二排水沟呈南西—北东向流过水源地。通过调查了解，目前开采量为7.4万 $m^3 \cdot d^{-1}$，占评价资源总量的72.5%，现状工程最大供水量为10.2万 $m^3 \cdot d^{-1}$，供水能力100%，井内最大水位埋深24 m。本次收集到2007—2011年单井水样及水厂出厂水样检测报告，根据报告显示，单井水样除铁、锰离子及氨氮超标外，其余各项指标均符合《生活饮用水卫生标准》（GB5749—2006），对水厂出厂水样进行了除铁、锰离子处理后，各项指标均符合标准。

（3）水源地安全性评价

①评价原则

按照《城市饮用水供水区安全状况评价技术细则》，针对水源地地下水中的一般污染物及有毒元素评价水质状况，针对水源地设计开采量、最大水位降深、开采率、供水能力评价水量的保证程度。经上述综合，对水源地安全性进行评价。

②评价体系

城市饮用水水源地安全评价指标分为目标层和指标层两个层次。目标层反映水量是否满足供水区设计水量要求，水质是否符合饮用水源水质要求；指标层反映水源地水量、水质安全的具体因子。

③评价指标

水源地安全评价指标见表4-6。

表 4-6　地下水饮用供水区安全评价指标

目标层	指标层
水量安全	工程供水能力：（现状供水量／设计供水量）×100%。反映取水工程的运行状况
	水位保证程度：实际最大水位降深／设计最大水位降深。反映水位保证程度
	地下水开采率：实际供水量／可开采量。反映地下水水量保证程度
水质安全	水质状况指数（1，2，3，4，5）（针对一般污染物、有毒物分别评价）

关于工程供水能力说明如下：现状综合生活供水量由于供水工程原因造成供水不足，其计算结果参与安全指标评价；由于现状用水量未达到原设计水量或由于节水而减少现状综合供水量，其评价指数取1；若暂无现状综合生活供水量或设计综合生活供水量数据，工程供水能力可采用现状城市供水量/设计城市供水量 ×100%。

④评价标准及评价指数

水质状况指数确定：水质状况指数由一般污染物指数和有毒污染物指数组成，分为五个等级，分别用1，2，3，4，5表达。水质评价参照《地下水质量标准》（GB/T14848—93）进行评价，评价标准及指数见表4-7。

表4-7　地下水饮用供水区水质评价标准及指数

项目	评价标准及指数				
	1	2	3	4	5
一般污染物项目					
色度	≤ 5	≤ 5	≤ 15	≤ 25	> 25
pH 值		6.5~8.5		5.5~6.5，8.5~9	< 5.5，> 9
总硬度（以 $CaCO_3$ 计）（$mg \cdot L^{-1}$）	≤ 150	≤ 300	≤ 450	≤ 550	> 550
溶解性总固体（$mg \cdot L^{-1}$）	≤ 300	≤ 500	≤ 1000	≤ 2000	> 2000
硫酸盐（$mg \cdot L^{-1}$）	≤ 50	≤ 150	≤ 250	≤ 350	> 350
氯化物（$mg \cdot L^{-1}$）	≤ 50	≤ 150	≤ 250	≤ 350	> 350

续表

项目	评价标准及指数				
	1	2	3	4	5
铁（Fe）（mg·L^{-1}）	≤ 0.1	≤ 0.2	≤ 0.3	≤ 1.5	> 1.5
锰（Mn）（mg·L^{-1}）	≤ 0.05	≤ 0.05	≤ 0.1	≤ 1.0	> 1.0
铜（Cu）（mg·L^{-1}）	≤ 0.01	≤ 0.05	≤ 1.0	≤ 1.5	> 1.5
锌（Zn）（mg·L^{-1}）	≤ 0.05	≤ 0.5	≤ 1.0	≤ 5.0	> 5.0
有毒物项目					
挥发性酚类（以苯酚计）（mg·L^{-1}）	≤ 0.001	≤ 0.001	≤ 0.002	≤ 0.01	> 0.01
硝酸盐（以 N 计）（mg·L^{-1}）	≤ 2.0	≤ 5.0	≤ 20	≤ 30	> 30
亚硝酸盐（以 N 计）（mg·L^{-1}）	≤ 0.001	≤ 0.01	≤ 0.02	≤ 0.1	> 0.1
氟化物（mg·L^{-1}）	≤ 1.0	≤ 1.0	≤ 1.0	≤ 2.0	> 2.0
氰化物（mg·L^{-1}）	≤ 0.001	≤ 0.01	≤ 0.05	≤ 0.1	> 0.1
汞（Hg）（mg·L^{-1}）	≤ 0.00005	≤ 0.0005	≤ 0.001	≤ 0.001	> 0.001
砷（As）（mg·L^{-1}）	≤ 0.005	≤ 0.01	≤ 0.05	≤ 0.05	> 0.05
镉（Cd）（mg·L^{-1}）	≤ 0.0001	≤ 0.001	≤ 0.01	≤ 0.01	> 0.01
铬（六价）（Cr^{6+}）（mg·L^{-1}）	≤ 0.005	≤ 0.01	≤ 0.05	≤ 0.1	> 0.1
铅（Pb）（mg·L^{-1}）	≤ 0.005	≤ 0.01	≤ 0.05	≤ 0.1	> 0.1

本次利用收集的单井水样对供水区的安全性进行评价；评价项目一般污染物从色度、pH 值、总硬度、溶解性总固体、硫酸盐、氯化物、铁、锰、铜、锌等十项进行评价，有毒污染物从挥发性酚、硝酸盐、亚硝酸盐、氟化物、氰化物、汞、砷、镉、铬、铅等十项进行评价。评价方法如下：

方法一：一般污染物指数计算。

当评价项目 i 的监测值 C_i 处于评价标准分级值 C_{iok} 和 C_{iok+1} 之间时，该评价指标的指数：

$$I_i = \left(\frac{C_i \cdot C_{iok}}{C_{iok+1} - C_{iok}} \right) + I_{iok}$$

式中：

C_i——i 指标的实测浓度；

C_{iok}——i 指标的 k 级标准浓度；

C_{iok+1}——i 指标的 $k+1$ 级标准浓度；

I_{iok}——i 指标的 k 级标准指数值。

计算综合指数（WQI），其值是各单项指数的算术平均值。即，

$$WQI = \frac{1}{n} \Sigma_i^n I_1 \ (i=1, 2, \cdots n)$$

式中：

n——参与评价的指标数。

确定评价类别：

当 $0 < WQI \leq 1$ 时，水质指数为 1；

当1< WQI ≤2时，水质指数为2；

当2< WQI ≤3时，水质指数为3；

当3< WQI ≤4时，水质指数为4；

当4< WQI ≤5时，水质指数为5。

方法二：有毒物项目指数计算。

单项指标指数计算与一般污染物项目指数计算相同。

综合指数，取其各单项指数最大值为有毒物项目综合指数，即采用水质项目评价最差的作为有毒物项目的评价结果（最差项目赋全值）。

地下水质评价分别见表4-8和表4-9。

表 4-8　一般污染物评价结果

供水区名称	评价项目及平均值										WQI
银川市东郊供水区	色度	I_1	pH 值	I_2	总硬度（mg/L）	I_3	TDS（mg/L）	I_4	硫酸盐（mg/L）	I_5	1.92
	5	1	8	1	280	2	407	2	56	2	
	氯化物（mg/L）	I_6	铁（mg/L）	I_7	锰（mg/L）	I_8	铜（mg/L）	I_9	锌（mg/L）	I_{10}	
	36	1	0.37	3.1	0.15	3.1	0.02	2	0.01	2	

表 4-9 有毒污染物评价结果

供水区名称	评价项目及平均值										WQI
	挥发性酚（mg/L）	I_1	硝酸盐（mg/L）	I_2	亚硝酸盐（mg/L）	I_3	氟化物（mg/L）	I_4	氰化物（mg/L）	I_5	
银川市东郊供水区	0	1	<0.03	1	0.001	1	0.32	1	0	1	1.2
	汞（mg/L）	I_6	砷（mg/L）	I_7	镉（mg/L）	I_8	铬（mg/L）	I_9	铅（mg/L）	I_{10}	
	0	1	0	1	0	1	<0.004	3	0	1	

水量状态指数确定：水量状态指数由工程供水能力、水位保证程度和地下水开采率指数组成，分为五个等级，分别用1，2，3，4，5表达，评价标准及指数见表4-10。

表 4-10 地下水饮用供水区水量评价标准及指数

目标	评价指标	评价指数及标准				
		1	2	3	4	5
水量	工程供水能力（%）	≥95	≥90	≥80	≥70	70<
	水位保证程度（%）	85<	100≤	115≤	130≤	>130
	地下水开采率（%）	85<	100≤	115≤	130≤	>130

通过本次调查评价，银川市东郊供水区评价指标及评价结果见表4-11。

表4-11　水量安全评价结果表

供水区名称	评价项目及评价指标						评价结果
银川市东郊供水区	工程供水能力（%）		水位保证程度（%）		地下水开采率（%）		1.3
	100	1	85.9	2	72.5	1	

⑤评价结果

供水区安全性评价从供水区的水量、水质两个方面进行，评价结果以各具体指标的安全评价指数最大值作为评判结果，供水区安全综合评价标准见表4-12。

表4-12　供水区安全综合评价标准

评价指数	1	2	3	4	5
评价等级	优	良	中	差	劣
评价结果	安全			不安全	

综合上述指数，供水区安全评价结果见表4-13。

表4-13　供水区安全评价结果表

供水区名称	水量评价			水质评价		综合评价指数	评价等级	评级结果
	供水能力	水位降深	开采率	一般污染物	有毒污染物			
银川市东郊供水区	1	2	1	2	2	2	良	安全

通过上述综合评价，银川市东郊供水区为安全的，评价等级为良。

4.6.2 供水区影响评价

研究区内河西平原本次评价的立岗供水区、掌政供水区分别位于前人评价完成的东郊水源地的北部和南部，地理位置较近。为保证在三个供水区满负荷开采时相互之间不会影响而产生不良的后果，进行供水区影响论证。

掌政供水区开采目的层为第 II 含水岩组，评价开采量为5万 $m^3 \cdot d^{-1}$，立岗供水区开采目的层为第 II 含水岩组，评价开采量为3万 $m^3 \cdot d^{-1}$，东郊供水区推荐开采方案为第 II 含水岩组，评价开采量为10.2万 $m^3 \cdot d^{-1}$，三个供水区满负荷开采时，势必引起地下水水位下降，形成以开采井群为中心的降落漏斗。通过计算，预测开采20年时，各供水区的降落漏斗范围：掌政供水区降落漏斗面积为73.811km²，立岗供水区降落漏斗面积为23.8 km²，东郊供水区降落漏斗面积为93.141km²。

经计算，立岗供水区开采20年时，降落漏斗边界距离东郊供水区降落漏斗边界4 km 左右，相距较远，之间没有相互影响；掌政供水区开采20年时，降落漏斗边界与东郊供水区降落漏斗边界有重叠，重叠面积仅为1.769 km²，影响较小。进一步论证两供水区满负荷开采20年时，对开采井的相互影响，采用干扰叠加法计算掌政供水区开采井群同时开采时对东郊供水区最南部开采井的影响，经计算没有影响，同时计算东郊供水区开采井群同时开采时，对掌政供水区最北部开采井的影响，经计算相互之间没有影响。对降落漏斗重叠区的补给资源量和可开采资源量减半计算，计算结果为可满足供水区开采要求。

通过上述评价，三供水区同步满负荷开采时，立岗供水区与东郊供水区没有影响，掌政供水区与东郊供水区相互之间影响甚微，不影响正常开采。

第5章　地下水资源管理与保护

根据地下水资源评价，研究区范围内地下水天然补给资源量为3.891亿 $m^3 \cdot a^{-1}$，第 I 含水岩组的开采资源量为2.014亿 $m^3 \cdot a^{-1}$，第 II 含水岩组开采资源量为1.542亿 $m^3 \cdot a^{-1}$，开采资源总量为3.556亿 $m^3 \cdot a^{-1}$。地下水溶解性总固体含量小于1g/L的开采资源量为1.752亿 $m^3 \cdot a^{-1}$。据调查了解，2013年研究区范围内开采第 I 含水岩组量为0.13亿 $m^3 \cdot a^{-1}$，开采第 II 含水岩组量为0.377亿 $m^3 \cdot a^{-1}$，地下水资源开采总量为0.507亿 $m^3 \cdot a^{-1}$。随着滨河新区的发展，人口增长、投资加大、生态环境用水等需水量增长迅速，加强水资源管理与保护，积极创建节水型社会，对保证滨河新区水环境的良性循环，促进水资源的合理开发利用具有重要的意义。

5.1　地下水资源管理

5.1.1　加强水资源管理

第一，应进一步加强地下水资源管理工作，健全管理机构，理顺管理体系，严格执行有关水资源管理法律、法规，严格依法管水，形成水资源的统一规划管理、统一科学调配，统筹安排，综合利用。

第二，滨河新区核心区位于黄河以东，地下水资源匮乏，规划区黄河以西，受引黄灌溉影响，水量充沛，水资源利用程度有待提高。因此，应实行跨区域的水资源调度，根据滨河新区建设及经济发展状况，加强各县、区之间用水的横向联系，打破行政区及行业间用水界线，兼顾各县、区及行业利益，实行水资源的统一配置，合理调度。

第三，加强地表水与地下水联合调配，解决好生活用水、工业用水、农业用水之间的矛盾。

第四，加强水资源合理开发利用科学研究，运用系统工程，在综合考虑水资源系统与社会经济基础上，建立可供实际操作调度的水资源管理模式，逐步建立健全科学的水资源管理控制体系。

5.1.2　完善政策法规体系

第一，由于滨河新区为新建城市发展区，投资建设等水资源需求量大，在政策方面应制定有利于节约用水、雨洪利用、污水处理与再生水回用、地表水地下水联合调度与地下水回灌等方面的政策。

第二，严格控制开采地下水，合理利用地下水资源。在研究区内，地下水资源量大，但是优质地下水资源有限，应本着科学合理开发利用地下水资源的原则，优水优用，合理搭配。

第三，确立水资源保护政策，建立有效保护机制，严格控制不按含水层结构打井，造成地下水资源污染。农业上确定生产安全规范，减少化肥和农药使用量，严禁使用公害农药。对研究区内已有水源地和本次新评价水源地要依据规定建立保护区，确保地下水资源不受破坏，不遭污染。

5.1.3　强化节约用水制度

　　节水是缓解水资源紧缺的重要途径。面对滨河新区规划发展及水资源现状，要努力提高全民节水意识，做到取水有计划，节水有措施，逐步建立起一个高效、合理用水的节水体系。

　　第一，制定滨河新区节约用水管理专项政策，鼓励区内各厂矿企业在水资源开发利用及节约用水技术方面的研究和创新；鼓励对区内矿化度较高的水的应用研究和项目引进，进一步加强计划用水管理工作，加强对超计划用水和节约用水的惩罚和奖励力度，全面建设节水型社会。

　　第二，进一步加强地下水资源管理和计划用水管理机构建设，让区内各行各业对节约用水管理都能尽一份责任和义务，同时全面建设各工矿企业中的水资源管理和节约用水管理机构，使管理工作能够从上到下统一贯穿，这是建立节水型社会的重要基础。

　　第三，加强节水宣传力度，增强全民节水意识。要切实把节水宣传工作重视起来，做到有组织、有机构、有规划、有步骤地进行节水宣传工作，让群众了解区内水资源状况，了解有关法律、法规，理解节约用水管理工作。

5.2　地下水资源保护

　　第一，制定水资源保护、管理等配套行政法规。开展城市水资源保护、规划工作，进一步明确开采区、保护区和禁采区，处理好保护和开发利用的关系。

第二，强化管理手段，统筹安排，合理配置。提倡集中供水，逐步取缔各工矿企业自备井供水局面，特别是供水时间较长、管网漏失率严重、供水设施简陋和环境差的自备井系统，提高水资源利用率和安全供水程度。

第三，划分地下水保护区。结合区内已有水源地和本次评价水源地以及不同地区地下水水质的不同，划分不同级别的保护区，按其需要和可能，实行分类保护和管理。

第四，实行严格的饮用水水源地保护区制度。对供水水源地按照国家生态环境部2007年制定的《饮用水水源保护区划分技术规范》（HJ/T338—2007）及政府职能部门相关规定，建立饮用水水源地保护区。

第五，加强对城市生活污水和工业"三废"排放的监管力度，做好工矿企业污水达标工作，减少工业污水排放量。预防地下水水质污染，对地下水做好定期水质检测。

第六，根据保护区的划分确定排水沟段的纳污能力，提出限制入沟污染物排入总量。由总量控制指标实施排污监督，定期向政府和社会公布排污总量和水域水质状况，实行退水水质监测和退水许可证制度。

第七，完善区内黄河、沟谷及大小排水沟水质监测监控断面，完善排水系统。 加强地下水水位、水质监测工作，健全地下水监测机构。建立监测网点，对地下水水位和水质的发展变化趋势进行预测。同时做好预报工作，以便及时调整地下水开采量，保证水资源长期开采使用。

5.3 水资源开发利用管理措施

第一，调整产业结构，优化区域生产布局。在农业发展中，不仅要扩大种植面积，还要大力发展以农副产品加工为基础的企业，不断增加居民收入，使有限的水资源产生最大的综合效益。在工业布局上要充分考虑水资源条件，实行以源定供，以供定需，严格控制高耗水、易污染的企业发展，充分发挥经济协作区的互补作用。

第二，调整供水水源结构，实行分质供水。研究区内生态环境脆弱，优质水源有限，因此在水资源利用上，应根据工业农业结构对水质的要求，开展分质供水，优水优用。生活用水采用优质地下水。工业用水方面，对水质有特殊要求的企业及食品行业可采用优质地下水，对水质要求不高的冷却水、洗涤用水以及市政、建筑业可利用中水。农业生产可适当开采浅层微咸水，进行农田灌溉。

第三，积极开源，兴建新的水源工程。随着经济发展、人口增长，招商引资力度加大，水资源供需矛盾突出。根据地下水资源开发利用状况，明确勘探方向，其一是加大引黄灌区水源地建设工程，其二是加强黄河以西等区域深层地下水的勘探，同时，还要加强对地下水开采动态监测工作。

第四，节约用水。农业节水：完善田间工程配套，实现渠道防渗衬砌；改进田间灌溉方式，实行畦灌、微灌、滴灌技术；强化管理，逐步建立和实施现代灌区管理制度，制定节水发展农业投入方式，用政策推动节水农业的发展。工业节水：大力挖潜改造，提高工艺用水水平和水的重复利用率。居民生活节水：大力推广使用节水型卫生设备和净化水处理装置，同时实行一水多用、循环复用，中水利用。

第五，加强水资源开发和生态环境保护工作。在加大水资源开发同时，要协调好各部门用水、地表水与地下水、经济发展与水资源条件、资源开发与环境保护之间的关系，对地下水的集中开采区，要调整开采井布局，做到采补平衡，缓解集中开采引起的地下水水位持续下降趋势。对水位较高的地区，为防止土壤盐渍化加重，鼓励开采地下水，实行地表水、地下水联合开发。对具有生态效益的地表水体、湖泊、湿地，要加以保护，对部分水域要适当补源，以保证供需平衡。积极开展污水净化处理再利用，实行污水资源化。

第六，建立健全应急处理组织，制定应急预案。建立应急处理组织，制定应对供水危机措施实施方案，以便应急期做到调度有序，不影响正常的生产和生活秩序；争取对应急期用水调度、配水、管理、监督、补偿、奖惩进行立法，使其有章可循，有法可依。如制定详细的应急期用水调度方案，规定应急期的用水定额、每天供水时间、高耗水企业配水方案等。通过这些措施，可以有效度过水荒。

第6章 结论

通过本次勘探，取得了大量的第一手资料，为银川市滨河新区建设提供了翔实的水文地质基础资料，为评价地下水资源提供了强有力的支撑，为地下水资源管理提供了科学的依据。

本次勘探以为滨河新区开发建设服务为目的，查清研究区地下水资源量，寻找供水的有利地段。通过勘探与综合分析研究，取得了以下的成果。

第一，通过勘探，摸清研究区内地下水开采现状，为地下水资源评价和今后地下水开发利用提供依据。

第二，通过本次勘探，基本查明研究区内270 m深度内地下水赋存条件以及含水岩组的富水性、水化学特征、地下水动态基本规律。初步了解了分布于270~370 m之间的第Ⅳ含水岩组地下水水质水量。

第三，通过计算，发现研究区内天然补给资源总量为3.891亿 $m^3 \cdot a^{-1}$，地下水溶解性总固体含量小于1 g/L的资源量为1.779亿 $m^3 \cdot a^{-1}$，占补给资源量的44.69%，其余地下水溶解性总固体含量均大于1 g/L。

第Ⅰ含水岩组开采资源量为2.014亿 $m^3 \cdot a^{-1}$，地下水溶解性总固体含量小于1g/L 的开采资源量为0.986亿 $m^3 \cdot a^{-1}$，占可开采资源量的48.96%；第Ⅱ含水岩组开采资源量为1.542亿 $m^3 \cdot a^{-1}$，地下水溶解性总固体含量小于1g/L 的开采资源量为0.766亿 $m^3 \cdot a^{-1}$，占可开采资源量的49.68%。

第四，供水能力评价。通过勘探，评价掌政供水区、立岗供水区地下水开采资源量为8万 $m^3 \cdot d^{-1}$，地下水溶解性总固体含量小于1 g/L 的集中供水水源有两处。圈定月牙湖供水区范围，初步评价地下水开采资源量为2万 $m^3 \cdot d^{-1}$，为水源地下一步勘探提供依据。

掌政供水区位于黄河河西冲湖积平原，勘探深度为170 m，开采目的层为第Ⅱ含水岩组。通过本次勘探，采用非稳定流抽水试验资料计算参数，并与该区前人资料对比，参数可信。

根据勘探结果，开采井群以井距800 m、排距1000 m 布设开采井21眼，其中备用井1眼，单井开采量为2500 $m^3 \cdot d^{-1}$，井群开采量为5万 $m^3 \cdot d^{-1}$，布井区面积约16.74 km^2。

通过资源计算，第Ⅱ含水岩组开采资源量为5.326万 $m^3 \cdot d^{-1}$。采用《生活饮用水卫生标准》（GB5749—2006）对地下水中常规指标和一般锅炉用水水质评价，评价结果除个别点铁、锰离子及氨氮超标外，其余指标均符合生活饮用水水质标准。

综上所述，该区地下水水质基本满足生活饮用水卫生标准中的常规指标，可开采资源量（B级）为5万 $m^3 \cdot d^{-1}$，通过溶质混合预测开采20年时，地下水溶解性总固体含量为0.947 g/L，可作为集中供水区。

立岗供水区位于黄河河西冲湖积平原，勘探深度为170 m，开采目的层为第Ⅱ含水岩组。通过本次勘探，采用非稳定流抽水试验资料计算参数，并与该区前人资料对比，参数可信。

根据勘探结果，开采井群以井距1000 m、排距800 m布设开采井12眼，单井开采量为2500 $m^3 \cdot d^{-1}$，井群开采量为3万 $m^3 \cdot d^{-1}$，布井区面积约11.22 km^2。

通过资源计算，第Ⅱ含水岩组开采资源量为3.486万 $m^3 \cdot d^{-1}$；采用《生活饮用水卫生标准》（GB5749—2006）对地下水中常规指标和一般锅炉用水水质评价，评价结果除个别点铁、锰离子及氨氮超标外，其余指标均符合生活饮用水水质标准。

综上所述，该区地下水水质基本满足生活饮用水卫生标准中的常规指标，可开采资源量（B级）为3万 $m^3 \cdot d^{-1}$，通过溶质混合预测，开采20年时地下水溶解性总固体含量为0.883 g/L，可作为集中供水区。

月牙湖供水区位于银川平原北部黄河以东月牙湖地区，勘探最大深度为250 m，开采目的层为第Ⅱ含水岩组。通过本次勘探，采用非稳定流抽水试验资料计算参数，作为本次资源评价的依据。

通过计算，第Ⅱ含水岩组在开采状态下的补给量为2.954万 $m^3 \cdot d^{-1}$，水质评价采用国家《生活饮用水卫生标准》（GB5749—2006）中水质常规指标和一般锅炉用水水质评价标准，除氟离子普遍超标，个别点硫酸盐和硝酸盐超标外，其他指标均符合生活饮用水中常规指标。

综上所述，该区进行了供水区的初步勘探工作，选定地下水水质好、水量相对大的地段，评价地下水可开采资源量（C级）为2万 $m^3 \cdot d^{-1}$，为水源地下一步勘探提供了依据。

第五，实施完成的辐射井工程，日出水量达19401.072 $m^3 \cdot d^{-1}$，为滨河新区前期建设及生活生产提供了供水水源，保证了前期发展建设用水需求。

参考文献

[1] 何俊江.地下水资源评价方法[J].建筑工程技术与设计，2014（34）.

[2] 莫惠婷.秦皇岛市昌黎县地下水资源评价及保护方法研究[D].天津大学，2014.

[3] 李晓英，顾文钰. 水均衡法在区域地下水资源量评价中的应用研究[J]. 水资源与水工程学报，2014，25（1）：87-90.

[4] 徐映雪，邵景力，崔亚莉，等. 银川平原地下水流模拟与地下水资源评价[J]. 水文地质与工程地质，2015，42（3）：7-12.

[5] 李志红，胡伏生，周文生，等.银川地区承压水水化学特征及控制因素[J].水文地质工程地质，2017，44（02）：31-39.

[6] 方华山.银川地区水文地质条件分析及地下水水源地保护区划分[D].长安大学，2009.

[7] 孙亚乔，钱会，张黎，等. 银川地区地下水环境演化[J]. 干旱区资源与环境，2006（05）：51-55.

[8] 柳凤霞，史紫薇，钱会，等. 银川地区地下水水化学特征演化规律及水质评价[J]. 环境化学，2019，38（09）：2055-2066.

[9]　宁夏回族自治区地质局.宁夏回族自治区区域地质志 [M].北京：地质出版社，2016.

[10]　周特先.宁夏构造地貌.银川：宁夏人民出版社，2016.

[11]　梁杏，张人权，等.地下水流系统—理论应用调查 [M].北京：地质出版社，2015.

[12]　陈崇希，林敏.地下水动力学 [M].武汉：中国地质大学出版社，1999.

[13]　梁秀娟，迟宝明，等.专门水文地质学（第四版）[M].北京：科学出版社，2018.

[14]　张人权，梁杏，等.水文地质学基础（第六版）[M].北京：地质出版社，2011.